Deepen Your Mind

Deepen Your Mind

推薦序

ChatGPT 是 OpenAI 於 2022 年 11 月推出的一個聊天機器人，它在其前身 GPT-3 的基礎上實現了顯著的改進。它以快速、清晰的答案在眾多知識領域上展現出非凡的精確性和連貫性，極大地推動了人工智能的前沿。使用者對其極高的工作流程自動化效益深感滿意。ChatGPT 能夠以多種風格並為不同目的生成文字，其設計強調互動對話。基於大型語言模型（LLMs），它使用監督式和強化學習技術進行了精細調整。

ChatGPT 的一個重要影響是其通用性特徵。隨著大型語言模型（LLMs）在寫作輔助、編輯程式和法律研究等專業應用領域的日益整合，這些工作無疑為企業和個人更廣泛地採用 ChatGPT 鋪平了道路。ChatGPT 模型的商業應用在經濟、文化甚至政策制定方面明顯改變了人類的生活面貌。

在勞動力市場研究中，統計上認為被 ChatGPT 取代的工作大多是重複性和可量化的工作，這使得對 ChatGPT 模型的溝通變得更加重要。這就是在 GPT 模型中提示（prompt）的重要性所在。提示也被稱為「詠唱」，它是人類任務的自然語言描述。如果 ChatGPT 錯誤理解你的詠唱，自然語言生成的內容也不會符合你的需求。

本書作者林建宏開發者常在 medium 與程式社群上發表文章，對聊天機器人開發有相當豐富的經驗，並多次受邀到東吳大學資管系進行 Line 聊天機器人教學，其深入淺出的教學方式，帶領學生一步一步完成聊天機器人應用實例，深受學生喜愛。本書圍繞在三個重點 - 運算思維 - 詠唱工程 - 程式學習。作者將再次帶領讀者了解運算思維，並一步一步教導讀者如何正確使用詠唱工程，讓 ChatGPT 協助程式學習，人人都可以藉由和 ChatGPT 互動去開發撰寫程式。這本書將幫助讀者充分利用 ChatGPT 的潛力，並達到更好的結果。它是一本深入但易於理解的指南，無論您是初學者還是有經驗的使用者，都會受益於其中的實用建議和洞察力。

東吳大學資管系特聘教授

郭育玟

推薦序

　　大家好，我是在中部舉辦聊天機器人小小聚和交流 Google 技術的佳新，本身在彰化開軟體公司，提供數位永續解決方案。作者 Wolke 是我的好朋友，我們不僅都是彰化人，也都是 LINE API Expert 官方認證技術專家。

　　於是當 Wolke 再度請我寫推薦序的時候（對，他的第一本著作我也有經手），我當下就召喚 ChatGPT 生成了一大篇？不，當然沒有！為了保有身為推薦者的尊嚴並且以示負責，我刻意熬夜苦讀各位看倌手上這份 300 多頁的書稿，字字斟酌與推敲，最後總算完成交稿任務。

　　雖然使用 Wolke 在書中教大家的方法（第 3 章有專章 80 頁介紹），對著 AI 詠唱（Prompt）大概只需要幾秒鐘的時間就可以完成這項寫作任務，但是 AI 的推薦序如果要寫得好，前提是必須把整本書稿都匯入，讓 AI 可以完整理解，這樣後續的詠唱才有辦法聊出理想的結果。

　　這個典型（未來只會越來越常見）的 AI 人機協作（AI-Human Collaboration）的過程，剛好就呼應到本書的 3 個重點：運算思維、詠唱工程、程式學習。也是我覺得這本書跟目前市面上其他著作的最大差異，透過詠唱，讓 ChatGPT 成為學習運算思維和程式設計的伴讀小童。

　　工作的緣故（開發軟體、舉辦小聚、擔任顧問），我經常被問到對於 ChatGPT 等生成式 AI 的看法，我一貫的回覆都是：「抓住機會，順應潮流，而非對抗！」衷心期盼在閱讀完這篇〈推薦序〉之後，你會毫不猶豫地拿著這本書走向櫃臺結帳，並且在未來波濤洶湧的人工智慧浪潮中，安穩前行！

陳佳新
2023 年梅月於彰化
jarsing@chibuapp.com
奇步應用有限公司 執行長
LINE API Expert & Microsoft AI MVP

推薦序

　　初識建宏兄是在一個我校研發處培訓校內新創團隊的工作坊。在會場見面時的第一眼印象我還記得：大眼鏡、短袖運動衫、短褲，只是少了藍白拖的程式宅學生樣。一個結合 Google 與 LineBot 的工作坊算是開低走高的 35 位報名額滿，且在反應熱絡、多花了一個小時的情況下結束。會後我聯繫了介紹林講師的新創界吳經理，跟他抱怨說我們拍合照時還要特別喬桌椅蓋布巾。那時我兼任新創企劃組組長，首創籌辦的全國技專校院 2 天 1 夜黑客松競賽獲得好評，促成教育部開始每年挹注資源舉辦技職盃黑客松競賽，因此培訓校內新創團隊的工作坊開始安排了區塊鏈、聊天機器人、Python、影像辨識應用等等與「寫程式」高度關聯的課程。

　　我曾經參加某特聘教授的 6 小時區塊鏈工作坊課程，拿了一張研習證明，但只知道怎麼註冊比特幣，聽了一堆智能合約、生產履歷的應用案例；課後也自己找了資料要自學，但最終只能調侃自己是程式白痴。所以看了建宏兄在本校的第一場工作坊這麼熱絡，我就知道他講的內容除了有料以外，還具有能手把手讓不是程式專業背景的人知道怎麼動手的特異功能。隔年我再次邀請他來創新創業工作坊授課；私底下開始裝熟追蹤他的 FB；當他出第一本書時跑去跟他恭喜，其實只是想圖個買書折扣。

　　很巧合的，我去年中開始兼任就業暨校友聯絡組組長，而 ChatGPT 在 11 月發表，不到半年已升級到 GPT-4。這股浪潮真是又急又猛，甚至還會幫忙寫程式！這也激發我的新創魂，若將這個火熱的人工智慧工具應用於學生的實習或就業輔導，來個精準實習、精準就業的流行語，似乎不錯。如果自己喊喊口號消耗熱量，順便減肥就算了；沒想到學校長官竟然沒忘記，寫入了年底的高教深耕計畫 KPI！好在追蹤建宏兄的 FB 時有看到他這半年來一直關注著 ChatGPT 的發展，立刻私訊，獲得回覆說他正準備出一本這方面的書。定稿版一看，哇，300 多頁，我該不會重現以前自學區塊鏈的噩夢吧？！

利用週末假期快速閱覽一遍，嗯，第 1 部分看完，大概可以跟一般人描述，ChatGPT 雖然是功能強大的角色，但「詠唱」得好或是差，能開啟的等級不同，得到的結果真的差很大，甚至會牛頭馬嘴。第 2 部分是利用 ChatGPT 來幫助自己學習各種程式基礎與網路應用，用得好就像請了好多位隨身家教一樣；只是以後的學生若要用「我不太會寫程式」當藉口，可是會越來越難了。最後第 3 部分的演練，第 2 部分沒看完也可以直接跳過來玩喔。

ChatGPT 大浪來襲，與其害怕，不如跟著建宏兄一起衝浪吧。

國立雲林科技大學　研發處就業暨校友服務中心主任　黃建盛

推薦序

《ChatGPT 來襲，未來人人都需具備「運算思維」應用「詠唱工程」來釋放「程式生產力」》

——擁抱程式設計的新時代——

在這個日新月異的數位世界中，我們每個人都不可避免地與科技互動，而在這場快速變遷的資訊浪潮中，運算思維已然成為引領未來的關鍵。作為現代人，如何有效運用運算思維以及創新的工具，來釋放我們的程式生產力，已經成為一項重要的課題。

這本《ChatGPT 來襲，未來人人都需具備「運算思維」應用「詠唱工程」來釋放「程式生產力」》，是由 LINE Message API Expert、Google Developer Expert 資訊科學界的傑出專家學者林建宏老師，他以其深厚的專業知識和豐富的教學經驗，將這一複雜而重要的主題輕鬆詮釋，使其深入淺出，無論是資訊相關科系的學生，還是其他非資訊相關科系的學子，都能夠輕鬆理解並投身於程式設計的領域。

感謝建宏老師邀請寫序，讓我能提前閱讀他的大作。我與建宏老師結識已經有很長一段時間了。我們相識於聯合大學的協同授課活動中，那是一個極具創造力和靈感的時刻，短短幾天的工作坊，就讓學生學習到如何建置智慧聊天機器人。林老師不僅是一位敬業的教師，更是一個樂於分享知識和啟發學生的導師，經常鼓勵學生多參加 Google 或是 Line 所舉辦的各項程式設計活動競賽。他的熱情和對於運算思維的熟稔，使他成為這本書的最佳作者。

《ChatGPT 來襲，未來人人都需具備「運算思維」應用「詠唱工程」來釋放「程式生產力」》所介紹的運算思維和 ChatGPT 整合的教學模式，正是我們現代社會所需的核心能力。這本書提供了全面而深入的指南，涵蓋了從運算思維的基礎概念到 ChatGPT 的應用技巧，尤其是以 ChatGPT 來引導學生設計 Prompt，為讀者提供了實踐和應用這些知識的寶貴指引。

值得一提的是，這本書的內容遠非枯燥難懂，相反地，林建宏老師巧妙地運用了行車導航軟體作為範例，將抽象的 AI 技術與日常生活緊密結合。通過雲端服務及 API 呼叫的實例，深入解釋程式設計的雲端實際應用，使讀者能夠輕鬆理解這些看似複雜的技術原理，並意識到其在實際應用中的重要性。

無論你是一位學生、一位專業人士還是一位對程式設計充滿好奇的讀者，《ChatGPT 來襲，未來人人都需具備「運算思維」應用「詠唱工程」來釋放「程式生產力」》都將是你不可或缺的一本參考教科書。透過這本書，你將能夠學習到實用且現代的程式設計技巧，並且在日常生活和職場中應用這些技能。

讓我們一同迎接這個充滿挑戰和機遇的數位時代，藉由運算思維的引領和 ChatGPT 的助力，釋放我們的程式生產力，探索更廣闊的世界。感謝林建宏老師的精心撰寫，這本書將成為我們在這場數位革命中的指南和夥伴。

希望這本書能夠啟發你，帶領你進入運算思維及程式設計的奇妙領域，讓我們共同見證 AI 技術的演進，不斷學習，開創嶄新的未來。

國立聯合大學文化創意與數位行銷學系教授
國立聯合大學共同教育委員會主任委員
教育部人工智慧技術及應用領域系列課程計畫《機器人服務設計》主持人
張陳基 於八甲校區
2023.5.17

第 1 部分 解釋

1 本書使用指南

2 運算思維篇（Computer Thinking）

3 詠唱工程篇（Prompt Enginering）

第 **2** 部分　學習與練習

▌ 4　IDE 基礎篇

▌ 5　程式學習篇：基本語法練習

6 程式學習篇：函式方法與物件

7 程式學習篇：決策與迴圈

8 IDE 入門篇 Codesandbox & Node.js，Jupyter Notebook

9 程式學習篇：非同步語法與 API 呼叫

10 程式學習篇：web 應用程式

11 後端解決方案篇：GCP

12 資料庫

13 資料預測

14 程式學習篇：模組化

第 3 部分 演練

15 協作開發廣篇

16 協作開發深篇

17　總結

第 **1** 部分 解釋

 # 1 本書使用指南

1.1 ChatGPT 來襲

1.1.1 前言

相信我，這個章節的用意，就跟電子計算機剛發明時一樣的狀況：總有人不會先管電子計算機好不好用，而是先擔心電子計算機會不會爆炸，電子計算機會不會咬人，電子計算機以後會不會取代我的工作？

就像是 100 年前，發電機剛到台灣，路上點起了的第一盞電燈時，當時的人經過路燈，還會打傘，怕被電到。

所以這個章節的用意，只是先解釋這個工具的原理，但再過幾年，大家只會問怎麼用？怎麼可以更好用？

就跟所有的工具電子計算機、汽車、智慧型手機…的發明一樣，會用後，誰還會管背後的原理。

1.1.2 ChatGPT 探源

ChatGPT

是一個由 OpenAI 開發的**語言模型**。

語言模型

能夠對各種問題和主題產生類似人類的回應，訓練數據來自一個**龐大的文本語料庫 LLMs**。

龐大的文本語料庫 LLMs/Large language models

是指訓練有極大參數量的**自然語言處理模型 NLP**。

自然語言處理 NLP/Natural Language Processing

是**人工智慧和語言學**領域的分支學科。此領域探討如何處理及運用自然語言；自然語言處理包括多方面和步驟，基本有**認知**、**理解**、**生成**等部分。

- 自然語言認知和理解：電腦把輸入的語言變成有意思的符號和關係，然後根據目的再處理。

- 自然語言生成：把計算機數據轉化為自然語言。

人工智慧 AI/artificial intelligence

指由人製造出來的機器所表現出來的智慧。

語言學 linguistics

是一門關於人類語言的科學研究。

ChatGPT 可以協助我們做什麼？

前面一堆專有名詞解釋，已經讓你眼花了嗎？相信我，這些已經是精簡再精簡的版本了，每一個項目都還可以再拆解出更多的內容，還有很多數學公式都還沒有放上去。如果你真的很想研究這個嗎？絕對有更多探討這方面原理內容的書籍可以參考的，每一本都是這本書的 n 倍厚… 說到這裡，**確定 ChatGPT 不會爆炸、不會咬人**後，我們還是來關心 ChatGPT 到底可以協助我們做什麼？比較實際。

1.1.3 ChatGPT 可以協助我們做的事

https://www.dlc.ntu.edu.tw/ai-tools/

從〈**臺大針對生成式 AI 工具之教學因應措施**〉一篇裡來看**哪些課程或學習內容適合使用 ChatGPT**？

ChatGPT 是一個語言模型，可以用於支持各種需要自然語言處理的課程，例如：

■ 語文和語言學：幫助學生學習和分析語言各面向，包括：文法、句型和語義學。

■ 傳播和媒體研究：用來探索在不同形式媒體和傳播管道中之語言使用方式，包括：社交媒體、新聞和廣告。

■ 電腦科學和人工智慧：幫助學生理解自然語言處理和機器學習的原理，包括：文本分類、語言建模和情感分析等技術。

■ 心理學和認知科學：用來研究人類如何處理語言和相互溝通，以及技術如何改變溝通模式。

■ 教育和語文學習：透過提供反饋、練習和對話來支持語文學習。

筆者認為臺大客氣了，ChatGPT / AI 是不可擋的趨勢，只會不斷的包山包海。

但瑞凡，ChatGPT 雖然可以協助我們做那麼多的事，但不幸的是，如果 ChatGPT 無法理解清楚你的詠唱（輸入的語句），那 ChatGPT 幫倒忙的機會可能比較大。

為什麼詠唱這麼重要？

回到**自然語言處理 NLP** 所述：**自然語言認知和理解**，就是你詠唱咒文（輸入的語句）的部分。

如果 ChatGPT 錯誤理解你的詠唱咒文（輸入的語句），自然**回應 / 自然語言生成**的內容，也不會符合你的需求。

所以詠唱 prompt engineering 是相當重要的。

那如何詠唱清楚？

電腦把**輸入的語言／詠唱咒文**變成有意思的符號和關係。

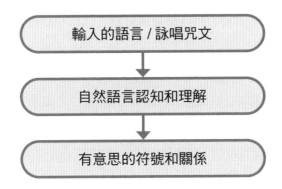

所以**電腦**是怎麼樣去把**輸入的語言／詠唱咒文**變成**有意思的符號和關係**？

就得了解電腦是怎麼想的，也就是**運算思維**。

1.2 本書存在的目地

1.2.1 2023 年是 AI 元年

ChatGPT 3.5 去年底問世，經過這幾個月的使用，最常聽到的就是 ChatGPT 在亂回什麼、ChatGPT 又不好用等質疑。筆者以為工具剛開始導入，有問題是正常的，沒問題才奇怪。

你可以想到**行車導航軟體**剛開始進入人們的生活時，不乏聽到導航到墓地或是無尾路出不來，得動用拖車等新聞。

可是人們最終有棄用**行車導航軟體**嗎？

並沒有！

反而因為**行車導航軟體**的普及，產生了新的商業模式、新的工作，新的生活習慣。

- 因行車導航軟體而發展的商業模式 / 工作 / 工具：

  ▶ UBER 以前要培養**不迷路的計程車司機**是很花時間的，但現在只要會用**行車導航軟體**，誰都可以當計程車司機，也因此產生了 UBER 這個商業模式，只要會用**行車導航軟體**，誰都可以在自己的空閒時間當計程車司機。

  ▶ foodpanda 同樣的，以前餐廳送餐只能靠員工自己送餐，所以也只能服務餐廳附近的客人，但現在只要會用**行車導航軟體**，誰都可以加入 foodpanda 去幫餐廳送餐。

- 新的生活習慣：

  ▶ 俗話說：「路長在嘴上。」但人人都會用**行車導航軟體**後，你有多久沒被問路了呢？

當然不可否認因為行車導航軟體的普及，也有行業式微，只是他消失的讓你沒有發現。

- 因**行車導航軟體**而式微的商業模式 / 工作 / 工具：

  ▶ 旅遊地圖：以前出遊一定會買一份旅遊地圖，但你還有看過有人拿著地圖在找路嗎？因此很多旅遊地圖出版社都轉型了。

  ▶ 指南針：以前找路，一手拿著旅遊地圖，另一手就是指南針了。指南針的銷量會跟著減少也是可以預見的。

而**行車導航軟體**的進步，最終也將搭配汽車系統，實現完全的 **AI 行車自駕**。

從 AI 介入到 AI 完全自主控制之前，都可以說是 **AI 人機協作**過程，只是介入的淺或深而已。

1.2.2 AI 人機協作 AI-human collaboration

是指人類和人工智能系統之間的協作和互動。在這種協作中，人類和人工智能系統共同完成任務，並在互動中相互學習和提升。

例如：以**行車導航軟體**的進步為例：

1. 2000 年左右：導入圖資，畫出行車路線。

2. 2005 年左右：導入 GPS，即時導航行車路線。

3. 2015 年左右：導入交通資訊，即時優化行車路線。

4. 逐步實現自駕車…

除了**行車導航軟體**的進步過程之外，從 2023 年 **AI** 元年開始，漸漸的也會有大量不同形式的工作，被 AI 逐漸介入。

1.2.3 現在正是 AI 人機協作的轉折點

古人說過「業精於勤，荒於嬉」，意味著只有勤奮才能精通工作，而荒廢則會失去所學。然而，在未來，不論你再怎麼勤奮，都很難超越人工智慧的表現。因此，必須改變工作思維，以應對未來的挑戰。

1.2.4 以後很有可能大部分的工作流程都會變成…

1. 專注於**問題 / 需求**的確認

2. 利用**運算思維**拆解問題及需求

3. 藉由**詠唱**和 **AI** 人機協作

之於上述，**AI 人機協作**在各種專業之下普及應用後，一定會有行業或工作消失是**肯定**的。但筆者相信會有更多的、新的商業模式及工作問世，也會是真的。而如何**懂得 AI 會用 AI**，才是我們該關注的重點。

而要**會用 AI**，就一定要懂得**運算思維**，懂得**運算思維**，才能**詠唱**清楚，釋放生產力。

▌ 1.3 本書的設計

本書主要是圍繞在三個重點所設計：運算思維、詠唱工程、程式學習。

運算思維

也就是電腦怎麼想。

詠唱工程

如何和 Ai 對話。

程式學習

運算思維並不需要靠程式學習才能學得，但是依照程式學習去學習運算思維卻是最快的方式。為什麼呢？ 因為運算思維就是電腦怎麼想的啊！

而為了習成運算思維、詠唱工程、程式學習，你必須進行…

- 程式碼的練習目的：習得**程式語感**。

- 專案的練習目的：**程式語感**較有之後，試著利用程式設計去拆解問題練就**運算思維**。

- 詠唱的練習目的：藉由和 ChatGPT 的互動中，去找出答案；並且隨著**設計語感**及**運算思維**越來越好，你越能問出更好的問題。

本書的設計：

💡 思維：…。

　我問…

　ChatGPT：回答…

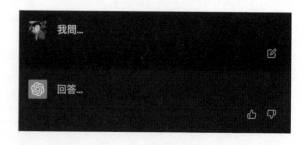

1.4 自我介紹

我是一位程式設計師，programmer，coder，又或者，我更希望介紹自已
為一位 developer 開發者，因為我們程式圈裡的總喜歡這麼稱呼。

你除了可以在我的 medium 上，發現我的文章之外，也會發現我活躍在
程式社群，又或是開源專案，因為喜歡分享，所以我在 2018 年成為了 LAE，
2019 年成為了 GDE。

▲ LAE：LINE Message API Expert 左下第 3 位那位瘦子

▲ GDE：Google Developer Expert 右下第 4 位那位胖子

這是全球程式圈 hero program，能成為 LAE 及 GDE 是得經過重重關卡的，人數也是少之又少，而我有幸成為台灣代表之一。

也因為這個緣故，我在 2019 年時，在全台辦了 30 場的程式工作坊，走訪了許多地方，例如六都的都會區，或者是較為二線的區域，諸如：新營、花蓮、屏東等等；到過這些地方，和許多同好牽起了緣份。

舉辦的程式工作坊以入門為主，除了我意料之中的大學生、社會人士之外，我意料之外、意想不到的參與者也會出現，例如剛忙完農事的農婦，國小 4 年級的同學，耄耋之年的退休長者等。

和上千開發者，實體面對面的交流，使我收益良多，也更理解學習程式專業上，會有那些問題與盲點。

而 ChatGPT 3.5 在 2022 年底橫空出世，驚豔也驚嚇眾人，其對於程式工程的發展，可以肯定將有驚天地泣鬼神的變化。這也是筆者投入本書的緣由，使用運算思維的思考方式去利用程式技術改善自己的工作或生活，將再也不只是少數人（programmer）的專利了，而是人人都能用**運算思維**去拆解需求並藉由**詠唱**和 ChatGPT 互動去撰寫程式來改善自己的工作或生活。

2 運算思維篇
（Computer Thinking）

2.1 運算思維（computational thinking）

扮演程式專家　解釋運算思維

ChatGPT：運算思維是指透過分解問題、抽象化、模式識別、演算法設計、評估和迭代等方式，以有效解決問題的能力。運算思維強調了問題解決的過程，而不僅僅是最終的解決方案。它可以應用於各種不同的領域，包括計算機科學、數學、科學、工程等。

運算思維包括以下五個主要的能力：

- 分解問題：將一個複雜的問題分解為更小的、可管理的子問題。

- 模式識別：尋找問題的模式和規律，從而更好地理解問題。

- 抽象化：將問題抽象化成更簡單的形式，忽略細節，專注於關鍵概念。

- 演算法設計：創造一個解決問題的步驟序列，並確保每個步驟都是正確的和有效的。

- 評估和迭代：評估解決方案的效果，並在需要時迭代改進解決方案。

透過這些能力，運算思維可以幫助人們更有效地解決問題，並在面對困難時更快地找到解決方案。

2.1.1 分解問題

💡 思維：繼續發問。

解釋　分解問題

ChatGPT：分解問題是運算思維中的一個關鍵概念，指的是將一個複雜的問題分解成多個較小、可管理的子問題。這樣做有助於更好地理解問題，並且可以更有效地解決問題。

分解問題的過程可以分為以下幾個步驟：

1. 將問題簡單化：將問題描述得盡可能簡單明瞭，避免語言或表述上的歧義。

2. 了解問題：深入了解問題本身，確定需要解決的主要問題和次要問題。

3. 拆分問題：將問題分解成多個相對獨立的子問題，並且確保子問題之間沒有重複或重疊的部分。

4. 確定順序：對子問題進行排序，確定解決每個子問題的順序，避免問題之間的依賴關係。

5. 解決子問題：對每個子問題進行解決，確保每個子問題都被充分地解決了。

6. 合併解決方案：將每個子問題的解決方案合併成一個整體解決方案。

通過分解問題，可以使複雜的問題變得更易於理解和解決。它也有助於構建模組化的解決方案，使其易於維護和更新。此外，通過將問題分解成多個子問題，也可以讓不同的人或團隊獨立地解決各自的子問題，從而提高解決問題的效率。

💡 思維：還是聽不懂，就繼續發問。

解釋　舉生活上的例子

ChatGPT：以下是一些生活上的例子，說明如何應用分解問題來解決問題：

- 製作一道複雜的菜餚：如果你想製作一道複雜的菜餚，可以將菜餚分解成多個步驟，例如購買食材、切菜、烹飪等。然後，可以按照這些步驟進行操作，逐步製作出菜餚。

- 移居到新城市：如果你打算搬到新城市，可以將搬家過程分解成多個步驟，例如尋找房屋、打包物品、運送物品等。然後，可以按照這些步驟進行操作，逐步完成搬家。

- 編寫一篇研究論文：如果你需要編寫一篇研究論文，可以將這個過程分解成多個步驟，例如確定研究問題、收集資料、分析資料、編寫論文等。然後，可以按照這些步驟進行操作，逐步完成研究論文。

- 設計一個產品：如果你需要設計一個產品，可以將設計過程分解成多個步驟，例如確定需求、設計草圖、製作原型、進行測試等。然後，可以按照這些步驟進行操作，逐步完成產品設計。

這些例子說明了分解問題如何在日常生活中應用，並且可以使複雜的問題變得更易於理解和解決。

💡 思維：雖然有提供了一些例子，但還是不知道如何應用，就繼續發問。

以製作一道複雜的菜餚舉實例

ChatGPT：好的，以下是一個製作一道複雜的菜餚的例子，說明如何應用分解問題來解決問題：

假設你想製作一道複雜的菜餚，例如牛肉麵。這是一個需要多個步驟才能完成的複雜菜餚。以下是如何應用分解問題的步驟：

1. 將問題簡單化：確定要製作的菜餚和所需的食材。

2. 了解問題：確定製作牛肉麵的主要問題和次要問題，例如烹調牛肉、煮麵條等。

3. 拆分問題：將問題分解成多個相對獨立的子問題。以下是可能的子問題：

   ▶ 購買食材：牛肉、麵條、蔬菜等。

   ▶ 切菜：將蔬菜切碎。

   ▶ 烹調牛肉：炒牛肉，添加調味料。

   ▶ 煮麵條：將麵條煮熟，添加調味料。

   ▶ 製作湯汁：煮牛骨、蔬菜和調味料，製作湯汁。

   ▶ 裝盤：將麵條、牛肉和湯汁裝盤。

4. 確定順序：確定解決每個子問題的順序。以下是可能的順序：

   ▶ 購買食材。

   ▶ 製作湯汁，因為需要時間煮牛骨和蔬菜。

   ▶ 烹調牛肉，同時可以煮麵條。

   ▶ 裝盤。

5. 解決子問題：根據順序解決每個子問題。這包括購買食材、切菜、烹調牛肉、煮麵條、製作湯汁和裝盤。

6. 合併解決方案：將每個子問題的解決方案合併成一個整體解決方案，即將烹調好的牛肉、麵條和湯汁放在一個碗中，裝飾蔬菜，即可完成牛肉麵。

透過分解問題，你可以將製作牛肉麵這個複雜問題分解

💡 思維：清楚理解了分解問題的部分。

2.1.2 模式識別

💡 思維：模式識別不清楚，也可繼續發問，但要注意 ChatGPT 會記住前後文，我們不希望前述的內容會影響到後面的內容產出，例如記住了牛肉麵的烹調過程，可能會導致 ChatGPT 在解釋模式識別時，將其牛肉麵的烹調過程，套用進來，故建議往上滑到解釋分解問題那題，再重新輸入問題。

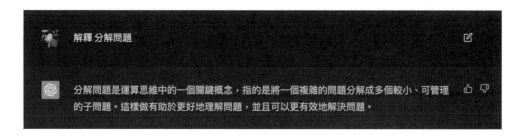

直接按**右邊**修改問題。

解釋　模式識別

ChatGPT：模式識別是指在一個複雜的系統中，通過觀察和分析其中的模式和規律，以便更好地理解和描述該系統。模式可以是各種形式的，包括文字、圖像、聲音等。

模式識別是一種基於數據分析的技術，它通常涉及對大量數據的統計分析、機器學習或人工智慧等方法，從而找到數據中的潛在模式。

在應用方面，模式識別技術已廣泛應用於各種領域，例如：圖像識別、語音識別、手寫識別、自然語言處理、人臉識別、指紋識別等。它們可以應用於自動駕駛、安全監控、智能家居、金融詐騙檢測、醫學診斷等各個領域。

總之，模式識別是一種重要的數據分析技術，可以幫助人們更好地理解和應用各種複雜的數據，從而創造更多的價值。

💡 思維：完全聽不懂就繼續發問。

舉生活上的例子

ChatGPT：以下是一些生活中的例子，展示了模式識別在各個領域的應用：

- 圖像識別：智能手機的相機應用程序可以自動識別出拍攝對象的臉部、身體部位、背景等。

- 語音識別：語音助手（如 Siri、Alexa、Google Assistant 等）可以通過分析用戶的語音，理解並執行他們的指令。

- 手寫識別：手寫輸入法可以通過分析用戶的手寫，將其轉換為可識別的文字。

- 自然語言處理：搜索引擎可以分析用戶的搜索輸入，並透過模式識別技術將其轉換為可搜尋的結果。

- 金融詐騙檢測：銀行可以透過分析客戶的交易模式，檢測出可疑的交易行為，從而減少詐騙行為的發生。

- 醫學診斷：醫生可以透過分析患者的病歷、症狀和檢查結果，使用模式識別技術對疾病進行診斷和治療。

總之，模式識別已經在生活的各個方面發揮了作用，透過它，人們可以更好地理解和應用各種複雜的數據，為人們帶來更多的便利和效益。

💡 思維：金融詐騙頻繁，好奇這個。

以金融詐騙檢測舉實例

ChatGPT：在金融詐騙檢測中，模式識別可以透過分析交易模式和模式之間的關係，來檢測可疑的交易行為。以下是一個可能的例子：

假設某銀行的模式識別系統已經訓練好了，並且可以識別出合法和非法的交易模式。系統在實時監測交易時，可能會發現以下可疑模式：

- 大額交易：當一個帳戶突然開始進行大額交易，這可能意味著該帳戶正在進行非法活動，如洗錢。

- 頻繁的轉帳：當一個帳戶開始頻繁地轉帳，而且轉出和轉入的帳戶都不是該帳戶的正常交易對象，這可能是一種詐騙行為。

■ 多個帳戶之間的轉移：如果多個帳戶之間開始頻繁地轉移資金，並且這些帳戶之間沒有明顯的交易關係，這可能是一種詐騙行為。

■ 突然更改交易模式：如果一個帳戶的交易模式突然從正常轉為不正常，這可能是一種詐騙行為。

當系統檢測到以上可疑模式時，它可能會自動觸發警報，提示銀行工作人員對這些交易進行更進一步的調查和審核。通過這種方式，銀行可以更有效地防止金融詐騙行為的發生。

💡 思維：筆者最近被銀行通知信用卡遭到盜刷，就很好奇銀行怎麼判斷非本人刷的。

上述　某銀行的模式識別系統已經訓練好了，並且可以識別出合法和非法的交易模式，這是要怎麼做到？步驟會是什麼？

ChatGPT：以下是一些可能的步驟，可以幫助某銀行訓練一個能夠識別出合法和非法交易模式的模式識別系統：

1. 收集數據：銀行需要收集大量交易數據，包括交易金額、交易時間、交易對象、帳戶信息等等。

2. 數據清理：清理數據可以去除不必要的訊息，修正數據錯誤和缺失，以確保數據的準確性和完整性。

3. 特徵提取：通過對數據進行特徵提取，可以把複雜的交易數據轉化成易於分析的特徵向量。例如，可以提取交易額、交易頻率、帳戶餘額、交易對象等特徵。

4. 模型設計：根據特徵向量，可以設計一個機器學習模型，用於識別合法和非法交易模式。常見的模型包括決策樹、支持向量機、隨機森林等。

5. 模型訓練：使用已標記的數據，通過模型訓練算法，訓練模型，使其能夠識別出不同類型的交易模式。

6. 模型驗證：將部分數據用於模型的驗證和測試，以確保模型的準確性和泛化能力。

7. 模型優化：通過調整模型參數、增加特徵等方式，進一步提高模型的性能。

8. 實時監測：將訓練好的模型應用於實時交易監測中，通過分析交易模式和模式之間的關係，來檢測可疑的交易行為。

綜上所述，這是一個基於機器學習技術的過程，需要收集數據、特徵提取、模型設計、訓練、驗證等一系列步驟，才能夠訓練出一個能夠識別出合法和非法交易模式的模式識別系統。

💡 思維：較為了解模式識別了。

2.1.3 抽象化

💡 思維：一樣從第二題開始問。

解釋　抽象化

ChatGPT：抽象化是運算思維中的一個重要概念，它是指將一個問題中的重要元素提取出來，並且忽略細節和非關鍵的部分，使得問題更加簡化和易於理解。抽象化在許多不同的領域都有應用，包括計算機科學、數學、藝術等。

在運算思維中，抽象化的目的是將問題轉化為更高層次的概念，這樣有助於人們更好地理解問題和尋找解決方案。例如，在設計一個計算機程序時，抽象化可以將程序拆分為更小的單元，並且定義每個單元的目的和功能，使得程序更加易於理解和管理。

抽象化可以通過各種方式實現，例如：

- 階層結構：將問題分為多個層次，每個層次關注不同的概念和細節。
- 類比比較：將問題與已經解決的類似問題進行比較，從中尋找共同點和解決方案。
- 設計模式：使用通用的解決方案來解決類似的問題，以減少冗餘工作。

　　透過抽象化，人們可以更好地理解問題和解決方案，並且能夠更快地找到有效的解決方法。

💡 **思維：還是聽不懂，就繼續發問。**

解釋　舉生活上的例子

ChatGPT：抽象化在生活中無處不在，以下是一些例子：

- 烹飪：當我們烹飪時，我們會把一些食材切成不同的形狀和大小，以便烹製。這種抽象化使得食材更易於掌握，更容易烹製出美味的菜餚。

- 開車：駕駛汽車需要注意許多細節，例如車速、路標、交通信號等。但在行駛時，駕駛往往會忽略這些細節，並將它們抽象化為路上的一些基本要素，例如車道、轉彎等。

- 購物：在購物時，我們會根據需要購買的物品的類別和數量，將物品分類為不同的類別和數量，以便更好地進行管理和組織。

- 計劃旅行：在計劃旅行時，我們通常會將目的地、行程、預算等訊息進行抽象化，以便更好地進行組織和規劃。

　　這些例子顯示了抽象化的重要性，透過抽象化，我們可以更好地理解問題和解決方案，並且能夠更快地找到有效的解決方法。

💡 **思維：繼續發問。**

以計劃旅行舉實例

ChatGPT：當計劃一次旅行時，抽象化的概念可以幫助我們更有效地組織和管理旅行。以下是一些具體的例子：

- 目的地抽象化：我們可以把目的地抽象化為一些關鍵的要素，例如：景點、文化、歷史和美食等，以便更好地選擇和計劃旅行路線。

- 行程抽象化：將行程分解為一些更小的單元，例如：旅館住宿、交通工具、活動等，以便更好地安排時間和預算。

- 預算抽象化：將預算抽象化為一些不同的類別，例如：住宿、交通、餐飲等，以便更好地控制花費和做出更明智的決策。

- 資源抽象化：在旅行中，我們需要使用不同的資源，例如：地圖、指南、手機等。把這些資源抽象化為一個組織系統，以便在旅行中更有效地使用它們。

這些例子顯示了如何使用抽象化來更好地組織和管理旅行，並且更好地理解問題和解決方案。

💡 思維：繼續發問。

假設你要到台北旅遊要如何進行抽象化

ChatGPT：好的，以下是一些可以幫助抽象化台北旅遊的概念：

目的地抽象化：台北有許多著名的景點，例如：故宮博物院、台北 101、士林夜市等。我們可以將這些景點抽象化為文化、歷史和美食等類別，以便更好地選擇和計劃旅行路線。

行程抽象化：將行程分解為一些更小的單元，例如：住宿、交通工具、活動等。我們可以把這些單元抽象化為類別，例如：住宿類別可以是旅館、民宿、酒店等；交通工具類別可以是捷運、公車、計程車等；活動類別可以是遊覽景點、品嚐美食等。

預算抽象化：將預算抽象化為一些不同的類別，例如：住宿、交通、餐飲等。我們可以在每個類別中設定一個預算範圍，以便更好地控制花費和做出更明智的決策。

資源抽象化：在旅行中，我們需要使用不同的資源，例如：地圖、指南、手機等。把這些資源抽象化為一個組織系統，以便在旅行中更有效地使用它們。

通過這些抽象化的概念，我們可以更好地理解台北旅遊的需求和挑戰，並更有效地計劃和組織旅程。

💡 思維：理解了。

2.1.4 演算法設計

解釋 演算法設計

ChatGPT：演算法設計是指將一個問題轉化為一系列適當的步驟，以便解決問題的過程。它是計算機科學中非常重要的一部分，因為它能夠幫助人們更好地理解問題並提供解決方案。

演算法設計需要注意以下幾點：

- 正確性：演算法必須解決問題的所有情況，而不僅僅是一些情況。此外，演算法的每一個步驟都必須是正確的，以確保整個演算法是正確的。

- 效率：演算法的效率通常是設計的關鍵。設計一個高效的演算法可以大大降低執行時間，使問題的解決更快速。

- 可讀性：演算法必須易於閱讀和理解。簡潔、清晰的設計可以讓其他人更容易理解和維護演算法。

演算法設計的過程通常包括以下步驟：

1. 理解問題：首先，需要完全理解問題的性質和要求。

2. 擬定解決方案：然後，需要擬定解決方案，其中包括問題的各個步驟以及演算法選擇。

3. 實現演算法：接下來，需要使用程序語言將演算法實現為可運行的代碼。

4. 測試和優化：最後，需要測試演算法的正確性和效率，並根據測試結果進行優化。

💡 思維：繼續發問。

解釋 舉生活上的例子

ChatGPT：以下是一些生活中的例子：

- 烹飪：烹飪可以看作是演算法設計的一種應用。當你準備烹飪一道菜時，需要遵循一系列的步驟，包括準備食材、加熱爐灶、炒煮烤等。如果你能夠設計一個高效、正確的演算法，你的菜餚將會更加美味，並且可以在更短的時間內完成。

- 整理物品：整理物品也是演算法設計的一種應用。例如，當你要整理一個雜亂的書桌時，可以將桌面上的物品分類、排序、儲存，以使物品更加有序並且更容易找到。

- 計畫旅行路線：計畫旅行路線也可以看作是演算法設計的一種應用。當你要計畫一次旅行時，需要考慮許多因素，如交通、住宿、景點等，需要經過多次的嘗試和比較，找到最優的旅行路線。這就需要設計一個高效的演算法，以便在短時間內找到最優的旅行路線。

💡 **思維：繼續發問。**

以烹飪舉實例

ChatGPT：當你要烹飪一道菜時，可以使用演算法設計的思想：

1. 理解問題：你需要先確定你要烹飪的菜餚是什麼，需要哪些食材，以及需要的烹飪步驟是什麼。

2. 擬定解決方案：你需要將烹飪過程分成一系列步驟，例如準備食材、烹煮食材、調味等。

3. 實現演算法：你需要將這些步驟轉化為代碼，也就是烹飪過程的步驟。

例如，烹飪炒青菜：

1. 理解問題：炒青菜需要的食材包括青菜、蒜頭、鹽等。需要的烹飪步驟包括清洗青菜、切碎蒜頭、烹煮青菜、加入調味料等。

2. 擬定解決方案：將烹飪過程分成以下步驟：

   i. 清洗青菜。

   ii. 切碎蒜頭。

iii. 烹煮青菜。

iv. 加入調味料。

3. 實現演算法：將這些步驟轉化為代碼，即烹飪過程的步驟：

i. 清洗青菜：將青菜放入清水中，洗淨沙土和污垢。

ii. 切碎蒜頭：將蒜頭切成小塊。

iii. 烹煮青菜：在鍋中加入適量的水，加熱至沸騰，放入青菜，煮至青菜變色。

iv. 加入調味料：加入蒜頭和適量的鹽，翻炒至均勻。 這個演算法可以幫助你烹飪一道美味的青菜，並且在短時間內完成烹飪過程。

💡 思維：理解了。

演算法設計

解釋　評估和迭代

ChatGPT：評估和迭代是運算思維中的兩個重要概念，可以幫助人們在解決問題的過程中持續改進解決方案。以下是它們的詳細解釋：

評估：在解決問題的過程中，評估是指檢查和評估解決方案的效果，以確定是否符合預期結果。評估可以透過收集和分析數據來進行，以確定解決方案是否成功並且有效。

迭代：在解決問題的過程中，迭代是指重複進行問題解決過程的過程，以改進解決方案。每一次迭代都是基於上一次的結果進行的，通常是在評估後對解決方案進行調整和改進。這樣可以逐漸改進解決方案，並使其更加完善。

評估和迭代是一對相互依存的概念，評估可以幫助人們確定解決方案的效果，而迭代可以幫助人們改進解決方案，以更好地解決問題。在解決複雜的問題時，評估和迭代是非常重要的，因為它們可以幫助人們持續改進解決方案，以確保最終的解決方案是有效的和可靠的。

運算思維要如何練成？

所以電腦就是運用**運算思維**，藉由四個階段：1. **分解問題** 2. **模式識別** 3. **抽象化** 4. **演算法**來處理你的詠唱文的，所以你必須要練成**運算思維**才能詠唱的**清楚與正確**。

必須具有**運算思維**的人，**才能**將問題或是需求**拆解清楚**，才能詠唱**描述清楚**，**才能讓 ChatGPT 清楚理解描述**，進而讓 ChatGPT **有效率的協助**我們完成工作。

而**運算思維**是一種思考方式，需要不斷地練習和培養，以下是一些練習運算思維的方法：

- **學習程式設計**：學習程式設計可以幫助你熟悉常用的運算思維概念和技能，例如變量、條件語句、循環和函數等。通過編程實踐，可以鍛煉運算思維。

- **解決問題**：嘗試解決不同類型的問題，例如數學、邏輯和領域特定的問題。在解決問題的過程中，運用運算思維分解問題、抽象化、設計演算法等技能，逐步提高運算思維的能力。

- **模擬現實情境**：將現實情境轉化為問題，然後應用運算思維解決。例如，可以模擬設計一個交通燈控制系統、一個銀行 ATM 系統等。

練習運算思維需要耐心和堅持，建議透過不斷地練習和學習，逐步提高運算思維的能力。

2.2 本書如何讓你練成運算思維

未來人人都必須具備有**運算思維**的人，才能駕馭 AI，而不是反過來被會用 AI 的人給淘汰。

運算思維該如何獲得呢？

回到本書重點，前述**運算思維**是一種思考方式，可以藉由**學習程式設計**、**解決問題**、**模擬現實情境**來練習和培養。

本書即是以這三者**學習程式設計**、**解決問題**、**模擬現實情境**為核心架構所撰寫，並且每一章的最後都會有詠唱練習，讓你可以習得詠唱的邏輯思考方式。

除了**運算思維**得靠學習程式設計來練成之外，還有一個得學程式設計的理由，就是在**人機協作**，從弱人工智慧往強人工智慧的演進過程的路途裡，你還是得先看得懂**程式語言**才有辦法和 AI 一起協作。 就像在**行車導航軟體**可以直接開你的車之前，在這中間的過渡時期，就是現在你得看得懂**地圖**吧。

就如**地圖**之於**行車導航軟體**； 而**程式設計**就是之於 AI，它是實踐**強人工智慧**之前的基本功。

2.2.1 學習程式設計

基礎的程式語法是很重要的，本書前面篇幅偏重在語法的學習與練習。 例如：「程式學習篇：基本語法練習」、「程式學習篇：函式方法與物件」、「程式學習篇：決策與迴圈」、「程式學習篇：非同步語法與 API 呼叫」。

一般基礎學習程式設計，會先挑一門程式語法，但本書偏重程式設計概念的學習，力求你印象更深刻的是**程式邏輯**，而非程式語法。

所以會同時講兩門程式語法基礎 Python 及 JavaScript，力求混亂（誤），加深讀者對於**程式邏輯**的印象。

但是建議順序為先練習其一，因為你不是 AI，可能會搞混。

2.2.2 用程式解決問題

懂了程式語法之後，就要有辦法使用程式語法以及使用幫助開發的工具，建構出符合需求的應用程式。本書除了在前述的每一個程式語法的章節都有實作練習之外，也會在專案裡練習如何上線等實作及探討。

2.2.3 模擬現實情境

全世界可不是只有 JS 及 Python 這個程式語言 [1]，但是藉由前兩篇的學習，所讓你獲得的**程式語感**及**運算思維**無價。

藉由**程式語感**及**運算思維**，就算是不熟的程式語言及架構，我們也可以經由和 ChatGPT 的對話，一步一步的在 ChatGPT 的幫助下，去撰寫出程式碼，完成程式的解決方案。

在「第三部分：演練」裡，我們會探討如何和 ChatGPT 協作程式開發的廣度與深度的探討：

廣：不同程式語法。

深：專案開發。

藉由和 ChatGPT 的互動實作中，獲得：

- 藉由練習中培養程式感。

- 你不用很會寫但要詠唱的出來。

- 詠唱出來的程式有 bug 要懂問。

---

[1] 為什麼除了 JS 之外，還有這麼多種的程式語言？ 雖然 JS 在今時今日，可能可以在大部分的主流應用找到合適的開發框架，例如 react native 之於 APP 開發、tensorflow.js 之於 AI model。 但是如果追求效能的話，還是建議寫符合其執行環境的語言。 而這些應用程式所需的環境和架構，使用不同的程式語言，往往是因為各大公司為了在市場上保持競爭優勢，而開發出自己獨特的程式語言和應用環境。 也就造成了這麼多種程式語言的今天，而工程師使用的程式語言的不同，也造成了溝通協作上的成本等。

3 詠唱工程篇
(Prompt Enginering)

3.1 Generative AI & LLMs

3.1.1 生成式 AI 的歷史

　　扮演深度學習研究者。請問：生成式 AI 的應用場景和技術發展，採用時間順序的方式，從人工智能的發展歷程入手，概述生成式 AI 的歷史發展，並介紹其在自然語言處理、計算機視覺、音頻處理等領域的應用，同時強調其技術和應用場景的不斷演進。可以提供相關論文和書籍作為參考資料。

　　ChatGPT：生成式 AI 是人工智能中的一個分支，它是指通過模型訓練，讓計算機能夠生成具有人類特徵的語言、圖像、音頻等信息。下面我將按照時間順序介紹生成式 AI 的歷史發展以及其在不同領域的應用。

　　20 世紀 50 年代至 70 年代：符號主義和規則系統人工智能的起步始於 20 世紀 50 年代，當時的研究方法是符號主義和規則系統。這種方法認為人工智能是由邏輯符號和規則組成的。但是，這種方法的局限性在 20 世紀 70 年代變得越來越明顯，因為它無法應對大規模數據的處理。

　　20 世紀 80 年代至 90 年代：基於知識的方法和統計學習方法，為了解決符號主義和規則系統的局限性，20 世紀 80 年代至 90 年代出現了基於知識的方法和統計學習方法。基於知識的方法是基於專家知識的模型訓練，而統計學習方法是基於大量數據的模型訓練。這些方法的代表性應用包括機器翻譯和語音識別。

　　21 世紀初至今：深度學習 21 世紀初，深度學習的出現使得生成式 AI 有了更強大的能力。深度學習是一種基於神經網絡的模型訓練方法，通過訓練多層神經網絡，可以從大量數據中提取特徵，並生成具有人類特徵的語言、圖像、音頻等訊息。深度學習的代表性應用包括自然語言處理、計算機視覺和音頻處理等領域。

3.1.2 生成式 AI 的應用方向

下面是生成式 AI 在不同領域的應用和技術發展：

自然語言處理（NLP）。自然語言處理是生成式 AI 最重要的應用之一。通過深度學習模型訓練，可以生成具有語義和語法正確性的自然語言文本。生成式語言模型的代表性應用包括語音識別、機器翻譯、文本生成等。其中最為著名的是 OpenAI 的 GPT 系列模型，其基於 Transformer 結構和自回歸機制，能夠生成逼真、流暢的自然語言文本。

計算機視覺（CV）。計算機視覺是另一個生成式 AI 的重要應用領域。通過深度學習模型訓練，可以生成具有高清晰度、逼真度和藝術性的圖像。生成式計算機視覺的代表性應用包括圖像生成、圖像修復、圖像超分辨率等。其中最為著名的是 GAN（Generative Adversarial Networks）模型，它由生成器和判別器兩部分組成，通過對抗的方式不斷提高生成器的生成能力，能夠生成具有高度真實感的圖像。

音頻處理。生成式 AI 在音頻處理領域也有著廣泛的應用。通過深度學習模型訓練，可以生成具有高質量、逼真度和藝術性的音頻。生成式音頻處理的代表性應用包括音頻合成、音樂生成、語音合成等。其中最為著名的是 WaveNet 模型，它基於深度卷積神經網絡結構和自回歸機制，能夠生成具有高度逼真度的音頻。

3.1.3 小結

總的來説，生成式 AI 是人工智能中非常重要的一個分支，其應用涵蓋自然語言處理、計算機視覺、音頻處理等領域。隨著技術的不斷發展，生成式 AI 在各個領域的應用場景也在不斷演進。如果你對生成式 AI 感興趣，推薦閱讀以下論文和書籍：

論文：

"Generative Adversarial Nets" by Ian Goodfellow, et al. (2014) "Attention Is All You Need" by Ashish Vaswani, et al. (2017) "Pixel Recursive Super Resolution" by R Dahl , et al. (2017) "MelGAN: Generative Adversarial Networks for Conditional Waveform Synthesis" by Kundan Kumar, et al. (2019)

書籍：

"Deep Learning" by Ian Goodfellow, Yoshua Bengio, and Aaron Courville (2016) "Hands-On Generative Adversarial Networks with Keras" by Rafael Valle (2019) "Generative Deep Learning" by David Foster (2019)

筆者補充

　　隨著生成式 AI 的應用發展，正確詠唱 Prompt 才能獲得想要的成果，以下開始探討如何正確的詠唱 Prompt。

3.2 Prompt

3.2.1 Prompt 的目的

　　我們知道自然語言理解就是電腦把**輸入的語言 / 詠唱咒文**變成**有意思的符號和關係**。

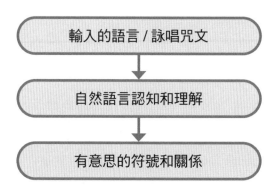

所以 Prompt 的目的就是去獲得正確的成果，因爲咒文 Prompt 會影響到後面產出的成果，也就是有意思的符號和關係。

因此 Prompt 本章將會從頭探討這三個階段的關係。

3.2.2 自然語言認知和理解：語意模型如何判斷咒文

在闡述 Prompt 策略時，先簡單理解一下語意模型如何判斷你的 Prompt 咒文的。

這到底是怎麼做到的呢，先從最簡單的部分，意圖開始，也就是語意模型是如何去了解我們要作什麼呢？

也就是了解我們的意圖 intent。

intent 意圖

我們可以藉由 Google dialogflow 的實作中，去了解 LLMs 理解使用者的意圖，是如何是被訓練出來的，關於 dialogflow 相關的操作可以參考筆者的上一本書《LINE 聊天機器人 +AI+ 雲端 + 開源 + 程式：輕鬆入門到完整學習》。

這裡簡述如何操作 dialogflow 介面去訓練出 model 來理解使用者的意圖。

在一個乾淨的 dialogflow agent 環境之下：

會有預設的 intent：

- Default Fallback Intent：Fallback 就是錯誤處理，所有認不出來的意圖，都會觸發到這裡。

- Default Welcome Intent：Welcome 的意思就是打招呼的意思，可以在 Training phrases 裡看到已經預先訓練了許多語句。

Training phrases 裏的語句，也就是訓練用的文本，可以看到這些語句都是對應到打招呼的意思。藉由大量的文本，使得語意模型理解到當使用者輸入（prompt）的語句，相似於這些文本的時候，語意模型就會判斷出使用者的意圖了。

那如何訓練出語意模型了解其他的意圖呢，這裡我們實作一個範例來説明。舉例新增一個 weather 的意圖，讓使用者詢問關於天氣的事情時，都會觸發到這裡。

1. 點 Intents。

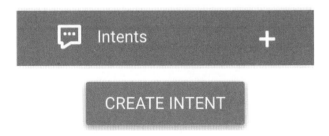

2. 點 Create Intent。

3. Intent name 取為 weather。

4. Training phrases 裡盡量輸入問天氣相關的問題。

 **Train the intent with what your users will say**

Provide examples of how users will express their intent in natural language. Adding numerous phrases with different variations and parameters will improve the accuracy of intent matching. Learn more

ADD TRAINING PHRASES

5. 點 ADD TRAINING PHRASES。

6. 輸入訓練語句 / 語料。

🗨 出太陽嗎	
🗨 會下雨嗎	
🗨 天氣好嗎	
🗨 天氣	
🗨 天氣如何	

7. 到 Response 輸入回覆的語句**可以解釋成生成**有意思的符號和關係。

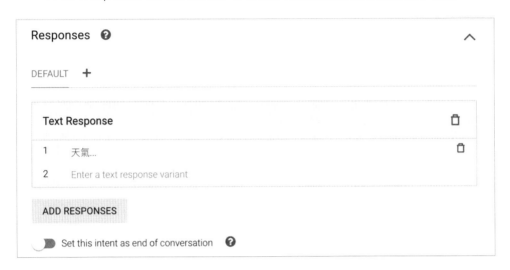

8. 這裡先設定回覆**天氣**…也就是對應 weather 意圖所生成的有意思的符號和關係。

9. 按 SAVE。

10. 訓練完成。

附帶一提中文斷詞問題

💡 思維：請 ChatGPT 告訴我，他如何斷詞。

回傳分析出來的中文斷詞 Q: 我是人 A: 我 , 是 , 人 我是人

ChatGPT：我 , 是 , 人

我不是豬

ChatGPT：我 , 不是 , 豬

我也想過過過兒過過的生活

ChatGPT：我 , 也 , 想 , 過過過兒 , 過過的 , 生活

ChatGPT 胡言亂語起來了，很有趣吧，這就是中文獨有的問題，但這也是會增加 LLMs 判斷錯誤理解錯誤的機率。

小結

藉由上面的示範操作，大約可以理解語意分析模型是怎麼訓練的，我知道這很讓你很驚訝。

驚訝說，文本的部分，就是必須要自己輸入，而這很工人智慧的話？

那我告訴你 ChatGPT 所使用的語言模型，最多有高達 1,750 億個參數，訓練的文字資料量有 45 TB。訓練一次的成本介於 200 萬美元至 1,200 萬美元之間。

另外，以 ChatGPT 來說，中文語料跟英文語料訓練的資料量也是天差地別，沒錯，會用**英文**下 prompt，就是比中文好，但請放心，這是一本中文書。

而 LLMs AI 就是依靠優質的語料去訓練出來的。

3.2.3 Prompt 的策略

Prompt 之於不同用途的 AI 其 **prompt 策略**也就不同。

目前會需要用到**詠唱 prompt 咒文**的大概可分為兩類 AI 工具：

- 特定場景工具的 Generative AI。
- LLMs 大型語意模型。

特定場景使用的 Generative AI 生成式 AI 工具

例如：

- Midjourney 繪圖。

- copilot 寫程式。

應用實作的場景確定，因為使用者不太可能叫 Midjourney 寫程式，叫 copilot 畫圖吧。

所以**咒文 Prompt** 策略，通常是追求一步到位。

以 Midjourney 的 **咒 文** 來 說：gundam armoured armor concept, in the style of light teal and white, historical documentation, panoramic scale, human anatomy, grainy, nikon d850, scientific diagrams — ar 26:15

會畫出：鋼彈裝甲概念，以淺藍綠和白色風格，歷史文件，全景尺度，人體解剖學，顆粒狀，尼康 D850，科學圖表，圖片比例 26:15。

因此也可以用 Midjourney 的 describe 指令描述**既有圖片**的咒文 Prompt，之後再用其 describe 出來的咒文 Prompt，重新生成相同風格的圖片是可行的。

因為繪畫的藝術、色調、風格、比例、層次等等，都有共通的專業術語。

大型語意模型 LLMs

相對於特定場景使用的 Generative AI 生成式 AI 工具。 幾乎不受限的 LLMs，就很需要有技巧性的與其互動，才不至於產生過多的錯誤內容。

而目前對於 LLMs 大型語意模型的 prompt 方法還有相當多的討論，都還是進行式中。

以下以在編輯此書時較知名的 Prompt 策略來做一個介紹：

- 開源 Prompt Engineering Guide

- 深津式 prompt

3.3 知名 Prompt 策略介紹

3.3.1 深津式 Prompt

由**深津貴之**所整理的提問架構能夠有效率地讓 ChatGPT 更精準地回答問題。

Instructions：（你想要它扮演的角色）

Constraints：（你想要的文章樣貌）

Input：（輸入摘錄的文字）

output：（輸出的樣貌）

例如：

#Instructions（你想要它扮演的角色）

你是專業的編輯。根據以下規範和輸入的句子來輸出最佳摘要。

#Constraints（你想要的文章樣貌）

字符數約為 300 個字符。小學生也能輕鬆理解。保持句子簡潔。

#Input（你想要修改 / 摘錄的文字）

（填入想要摘錄的文本）

#output

以下是深津貴之所強調的內容：

- 要明確定義角色

- 明確指示輸入與輸出

- 清楚地說明要輸出的內容

- 使用標記式語言來説明非文本的部份

- 條列式給予清楚的命令

- 盡量限縮 AI 輸出回答的範圍

3.3.2 開源 Prompt Engineering Guide

https://github.com/dair-ai/Prompt-Engineering-Guide

提示工程是一個相對較新的學科，旨在開發和優化提示，以有效地利用大型語言模型（LLMs）進行各種應用和研究主題。提示工程技能有助於更好地了解 LLMs 的能力和局限性。研究人員使用提示工程來改進 LLMs 在各種常見和複雜任務上的能力，例如問答和算術推理。開發人員使用提示工程來設計與 LLMs 和其他工具接口的強大和有效的提示技術。

筆者補充

這是一個滿早就開源的 prompt 教程。隨著生成式 AI 跟 LLMs 的發展，其內容也不斷更新，被很多單位所研究及參考。

基本咒文格式

Prompt Engineering Guide 認為一個好的咒文要包含 4 點。

- 特定的任務 / 企圖 / 意圖 Instruction：一個具體的任務或指示，您想要模型執行的動作。

- 背景 Context：可能涉及外部資訊或額外的內容，可以引導模型做出更好的回應。

- 輸入資料 Input Data：我們感興趣的輸入或問題，希望找到相應的回應。

- 輸出格式示範指引 Output Indicator：指示輸出的類型或格式。

並以此基本衍生出下列的策略。

工作應用

- Text Summarization 文本摘要

- Information Extraction 資訊提取

- Question Answering 問答系統

- Text Classification 文本分類

- Conversation 對話

- Code Generation 程式碼生成

- Reasoning 推理

- Python Notebooks Python 筆記本

- Generating Data 生成數據

- Program-Aided Language Models 程式輔助語言模型

對話策略

- Zero-shot Prompting 零樣本啟示

- Few-shot Prompting 少量樣本啟示

- Chain-of-Thought Prompting 思維連鎖啟示

- Zero-shot CoT 零樣本思維連鎖

- Self-Consistency 自我一致性

- Generate Knowledge Prompting 產生知識啟示

- Automatic Prompt Engineer 自動啟示工程

小結

上述工作應用及對話策略，因為內容較多就請自行參閱。

結論：咒語

先不討論別的，以目前的討論來看，第一句很重要，第一句 prompt 咒文的好壞，決定了生成式內容的成敗。可以直接稱第一句為**咒語**。

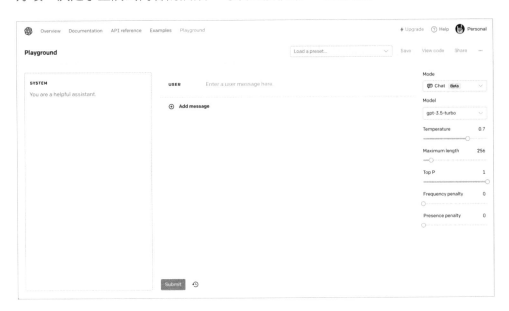

角色

目前最毋庸置疑的第一個參數就是角色，需不需要請 ChatGPT 扮演角色，在 ChatGPT 去年剛問世，其實在社群裡經過漫長的討論。一直到 ChatGPT 4.0 線上展示會，展示了 playground ，playground 上，展示了 GPT 3.5 預設了 system 參數裡，而建議值是 you are a helpful assistant。 所以角色參數的重要性不言可喻。

其餘的部分就見仁見智了，下一章分享 Wolke 流 Prompt。

3.4 Wolke 流 Prompt

3.4.1 前言

我們的目的是解決問題,而由前述介紹的目前主流的 prompt 格式理解到,第一句 prompt 的好壞影響到之後生成內容的好壞。故越 specfic 越準確。

因此我將其整理為 5 個 prompt 的子項目:

- role:採訪對象能力專業背景經驗。

- context:當下的情境。

- input:關於這個問題的相關知識點。

- output:文稿輸出。

- interactive:互動追問的對話策略建議。

除了 interactive 互動追問的對話策略建議之外,其餘四點都是第一句 prompt 的重點。

3.4.2 role 角色

也就是採訪對象。

釐清問題需求

可以先這樣思考「假設自己是一名記者,針對一個特定的問題,要找採訪對象,要做哪些功課呢?」

例如:「矽谷銀行破產」這個題目。

> 對「矽谷銀行破產」發表你的意見。

ChatGPT：矽谷銀行破產對於整個科技產業以及金融行業來說，都是一個相當嚴重的事件。作為矽谷科技重鎮的代表之一，矽谷銀行一直被視為是創新和科技的象徵，其破產也反映出了科技產業不斷變革和不穩定的本質。

矽谷銀行的破產原因可能有很多，例如管理不善、資本結構不穩健、風險控管不當等等。然而，無論原因如何，這都是一個值得深思熟慮的事件，我們需要反思和學習其中的教訓，以確保類似的事情不再發生。

對於那些受到矽谷銀行破產影響的人，這是一個非常痛苦和困難的時期。他們可能失去了積蓄、投資或者工作，需要重新開始。在這個時候，我們需要展現同情和支持，幫助他們走出困境。

總體而言，矽谷銀行破產是一個值得關注和反思的事件。我們需要學習其中的教訓，改善管理和風險控管，確保未來類似的事情不再發生。同時，我們也需要關注和幫助那些受到影響的人，讓他們能夠度過這個艱難的時期。

產出一篇非常官腔的文章

想一想，你第一個想到要問的對象，可能就是銀行家，然後就結束了。

不如先用 6w 來思考「矽谷銀行破產」。

- 何人 Who：矽谷銀行。

- 何時 When：現在 2023 年。

- 何事 What：破產。

- 何地 Where：矽谷。

- 為何 Why：為何破產。

- 如何 How：如何搞到破產。

加上「能」

Who Can 誰能被採訪：

這時你繼續做功課下去，就會發現，矽谷銀行主要的往來對象都是新創企業為主，所以就想到風險投資人。

雖然矽谷銀行是一間大銀行，但你又發現矽谷銀行的客戶，幾乎都是矽谷當地人，所以你可能希望被採訪者能夠具有當地新創圈待過的經驗，而且最好是做過當地新創的 CEO，最好往來過矽谷銀行。

然後扮演的角色清楚了：有矽谷創業經驗目前在擔任銀行的風險投資部門的經理。

扮演一位有矽谷創業經驗目前在擔任銀行風險投資部門的經理對「矽谷銀行破產」發表你的意見。

ChatGPT：作為一位擁有矽谷創業經驗，目前在銀行風險投資部門擔任經理的我，對於「矽谷銀行破產」這一事件深感遺憾。這個消息對整個科技圈和金融界都是一個巨大的震撼，也給我們帶來了許多反思和啟示。

首先，這個事件證明了風險投資是一項極具挑戰性的活動，即使是在矽谷這樣的科技創新中心，也存在失敗的風險。風險投資需要投資者具有專業知識和豐富經驗，以便能夠識別出具有潛力的創新項目，並進行有效的風險控制和管理。對於矽谷銀行這樣一家具有龐大投資組合的金融機構來說，如果在這方面做得不夠好，就可能會導致整體投資組合的失敗，進而影響到整個公司的運營和生存。

其次，這個事件也提醒我們，金融機構需要更加注重風險控制和管理。當一家金融機構的風險控制機制不健全，或者缺乏有效的風險管理措施時，就會產生各種風險，進而導致該機構的破產。因此，金融機構需要加強內部控制和管理，進行有效的風險評估和管理，並及時發現和處理潛在風險，以確保公司的長期穩健發展。

最後，這個事件也提醒我們，科技和金融之間的結合是一個非常複雜的議題。科技的創新和進步為金融行業帶來了巨大的機遇，但同時也產生了各種風險和挑戰。因此，科技公司和金融機構需要密切合作，加強溝通和協調，並共同解決這些問題。

　　總之，「矽谷銀行破產」事件提醒我們，任何一個行業和企業都存在風險和挑戰，特別是在高風險的創新和投資領域。我們需要不斷學習和進步，加強對風險的識別和管理，提高自身的專業能力和管理水平，以確保企業的長期穩健發展。同時，我們也需要加強跨界合作和交流，共同推動科技和金融行業的發展，為社會經濟的進步和發展做出貢獻。

光是加個角色就好多了對吧！

3.4.3 context 情境

情境相關的提示　對於生成內容也是有相當大的幫助。

　　提問的問題是**柵欄的選擇**，如果沒有將情境說清楚的話，可能就會產生很多錯誤的回答內容。

　　例如：需要購買柵欄背後的情境：

- 可以是新生兒父母怕小寶寶亂爬。

- 也可以是寵物飼主怕貓咪亂跳。

- 也可能是農場主人怕牛馬亂衝。

　　所以你可以了解，雖然都是想要柵欄的購買指引，但如果沒有提示背後的情境的話，那可就讓 AI 內容自由發揮了。

3.4.4 input 輸入文本

　　需要 ChatGPT 輸出前必須要理解的內容，內容的資料格式不限，文字、流程圖、JSON、markdown 等等都可以。

菜單

　　扮演一位咖啡廳的店員 以下是菜單的內容——義式濃縮咖啡 Espresso H NT. 130 美式咖啡 Americano H NT. 100・I NT. 130 拿鐵咖啡 Caf'e Latte H NT. 120・I NT. 160 卡布奇諾 Cappuccino H NT. 160 焦糖瑪奇朵 Caramel Macchiato

H NT. 180．I NT. 180 摩卡咖啡 Mocha H NT. 180．I NT. 180 冰釀冰滴咖啡 Drip Coffee 每人低消一份餐點或一杯飲料（啤酒、蛋糕除外）以上餐點均收 10% 服務費——根據菜單的內容來回答問題，有哪裡是看不懂的嗎？提出來討論。

ChatGPT：根據菜單內容，以下是可能需要進一步解釋的地方：

H NT. 和 I NT. 的意思不清楚。它們表示價格，但可能需要解釋清楚它們的意思。H 可能代表 "here"，表示在咖啡廳內享用，而 I 可能代表 "to go"，表示外帶。NT 則是新台幣的貨幣代碼。

「每人低消一份餐點或一杯飲料」的規定需要解釋清楚。這表示顧客必須至少點一份餐點或一杯飲料才能在咖啡廳內消費。啤酒和蛋糕可能不計入低消金額。

最後一行提到，所有餐點都要收取 10% 的服務費。這也需要解釋清楚，以免顧客在結帳時感到意外。

H 指的是 Hot 熱，I 指的是 Ice 冰。啤酒和蛋糕也計入，每個人都有消費就可以了，內用的時候才要加 10 %，外帶不用，理解了嗎？還有問題嗎？

ChatGPT：感謝您的補充解釋，現在我更加理解菜單的內容了。這裡暫時沒有其他問題，謝謝您的幫助！

外帶三杯熱的美式咖啡，和一杯冰的美式咖啡，多少錢？

ChatGPT：根據菜單，外帶熱的美式咖啡每杯是 100 元，冰的美式咖啡是 130 元。

所以三杯熱的美式咖啡共計 100 x 3 = 300 元，再加上一杯冰的美式咖啡，共計 300 + 130 = 430 元。請注意，這裡價格沒有加上服務費，如果要內用，還需要再加上 10% 的服務費。

流程圖

扮演一位程式專家 ```mermaid graphTD A[分數] –> B{ 大於 59 分 } B – true
–> C[及格了] B – false –> D[不及格] ```

寫成 python

ChatGPT：以下是將上述流程圖轉換成 Python 程式碼的示範：

```python
score = 75

if score >= 60:
    print(" 及格了 ")
else:
    print(" 不及格 ")
```

在這個示範程式碼中，我們先將分數設為 75，然後使用 if 和 else 來判斷分數是否大於等於 60。如果分數大於等於 60，則會印出「及格了」；否則，會印出「不及格」。這樣就完成了這個簡單的程式！

JSON 格式

例如請 ChatGPT 扮演天氣預報員，直接提供氣象局的 opendata 所吐的 JSON 內容。

情境

- 要報導當前天氣狀況，包括氣溫、風速、濕度、降雨機率等因素。

- 要讓讀者能夠清晰地了解當前天氣狀況，做出相應的安排。

輸入

```json
{
  "success": "true",
  "result": {
    "resource_id": "F-C0032-001",
    "fields": [
      {
        "id": "datasetDescription",
```

```
        "type": "String"
      },
      {
        "id": "locationName",
        "type": "String"
      },
      {
        "id": "parameterName",
        "type": "String"
      },
      {
        "id": "parameterValue",
        "type": "String"
      },
      {
        "id": "parameterUnit",
        "type": "String"
      },
      {
        "id": "startTime",
        "type": "Timestamp"
      },
      {
        "id": "endTime",
        "type": "Timestamp"
      }
    ]
  },
  "records": {
    "datasetDescription": " 三十六小時天氣預報 ",
    "location": [
      {
        "locationName": " 花蓮縣 ",
        "weatherElement": [
          {
            "elementName": "Wx",
            "time": [
              {
                "startTime": "2023-04-27 06:00:00",
                "endTime": "2023-04-27 18:00:00",
```

```
          "parameter": {
            "parameterName": " 多雲短暫雨 ",
            "parameterValue": "8"
          }
        },
        {
          "startTime": "2023-04-27 18:00:00",
          "endTime": "2023-04-28 06:00:00",
          "parameter": {
            "parameterName": " 多雲短暫雨 ",
            "parameterValue": "8"
          }
        },
        {
          "startTime": "2023-04-28 06:00:00",
          "endTime": "2023-04-28 18:00:00",
          "parameter": {
            "parameterName": " 多雲 ",
            "parameterValue": "4"
          }
        }
      ]
    },
    {
      "elementName": "PoP",
      "time": [
        {
          "startTime": "2023-04-27 06:00:00",
          "endTime": "2023-04-27 18:00:00",
          "parameter": {
            "parameterName": "30",
            "parameterUnit": " 百分比 "
          }
        },
        {
          "startTime": "2023-04-27 18:00:00",
          "endTime": "2023-04-28 06:00:00",
          "parameter": {
            "parameterName": "30",
```

```
        "parameterUnit": " 百分比 "
      }
    },
    {
      "startTime": "2023-04-28 06:00:00",
      "endTime": "2023-04-28 18:00:00",
      "parameter": {
        "parameterName": "10",
        "parameterUnit": " 百分比 "
      }
    }
  ]
},
{
  "elementName": "MinT",
  "time": [
    {
      "startTime": "2023-04-27 06:00:00",
      "endTime": "2023-04-27 18:00:00",
      "parameter": {
        "parameterName": "19",
        "parameterUnit": "C"
      }
    },
    {
      "startTime": "2023-04-27 18:00:00",
      "endTime": "2023-04-28 06:00:00",
      "parameter": {
        "parameterName": "21",
        "parameterUnit": "C"
      }
    },
    {
      "startTime": "2023-04-28 06:00:00",
      "endTime": "2023-04-28 18:00:00",
      "parameter": {
        "parameterName": "21",
        "parameterUnit": "C"
      }
    }
```

```
      }
    ]
  },
  {
    "elementName": "CI",
    "time": [
      {
        "startTime": "2023-04-27 06:00:00",
        "endTime": "2023-04-27 18:00:00",
        "parameter": {
          "parameterName": " 稍有寒意至舒適 "
        }
      },
      {
        "startTime": "2023-04-27 18:00:00",
        "endTime": "2023-04-28 06:00:00",
        "parameter": {
          "parameterName": " 舒適 "
        }
      },
      {
        "startTime": "2023-04-28 06:00:00",
        "endTime": "2023-04-28 18:00:00",
        "parameter": {
          "parameterName": " 舒適 "
        }
      }
    ]
  },
  {
    "elementName": "MaxT",
    "time": [
      {
        "startTime": "2023-04-27 06:00:00",
        "endTime": "2023-04-27 18:00:00",
        "parameter": {
          "parameterName": "25",
          "parameterUnit": "C"
        }
```

```
      },
      {
        "startTime": "2023-04-27 18:00:00",
        "endTime": "2023-04-28 06:00:00",
        "parameter": {
          "parameterName": "23",
          "parameterUnit": "C"
        }
      },
      {
        "startTime": "2023-04-28 06:00:00",
        "endTime": "2023-04-28 18:00:00",
        "parameter": {
          "parameterName": "27",
          "parameterUnit": "C"
        }
      }
    ]
  }
    ]
  }
    ]
  }
}
```

輸出

- 建議使用條理清晰的文體，將報告分成幾個部分，包括當前天氣概況、未來幾天天氣預測、天氣對交通、生活等方面的影響，並且將每個部分進行細致的分段和條理化的呈現。

- 建議使用圖表、圖像等方式，讓讀者更加直觀地了解天氣變化情況。

ChatGPT：根據資料提供的天氣預報來報導當前花蓮縣的天氣狀況：

大家好，這裡是天氣預報。根據最新的資料，花蓮縣的天氣將會有所變化。接下來三十六小時的天氣預報如下：

今天白天至晚上，花蓮縣將會是多雲短暫雨的天氣，降雨機率為 30%。氣溫最低可達 19°C，最高可達 21°C，會稍有寒意至舒適。風速較輕，濕度方面則較高。明天白天，天氣會轉為多雲，氣溫也會有所上升，但降雨機率會降至 10% 左右。

提醒大家在出門前注意攜帶雨具，並根據氣溫及天氣狀況做好相應的防曬、保溫措施。

連接網路

例如 bing 串接 ChatGPT 而且有連接網路，就可以直接用其所獲得文字內容 fine tuning 自己。

例如：請分析作家 Wolke Lin 的寫作風格，請模仿他的觀點和語氣，寫出一篇有關如何學習的文章。

Bing：您好，這是 Bing。我很高興能幫助您分析 Wolke Lin 的寫作風格，並模仿他的觀點和語氣，寫出一篇有關如何學習的文章。

根據我從網路上找到的資料，Wolke Lin 是一位資深的程式設計師和講師，他專注於 LINE 聊天機器人、AI、雲端、開源和程式等領域。他的寫作風格可以用以下幾個特點來描述：

- 他喜歡用第一人稱來分享自己的經歷、想法和感受，讓讀者感受到他的真誠和親切。

- 他喜歡用問答方式來引導讀者思考問題，並提供清晰和具體的解決方案。

- 他喜歡用比喻、例子和圖片來說明複雜或抽象的概念，讓讀者更容易理解和記憶。

- 他喜歡用簡潔而有力的語言來表達自己的觀點，避免使用冗長或模糊的詞彙。

- 他喜歡用幽默和輕鬆的語氣來緩解讀者可能感到的壓力或困惑。

基於以上特點，我嘗試模仿 Wolke Lin 寫出了以下這篇文章：如何學習。

大家好，我是 Wolke Lin。今天我要跟大家分享一個非常重要但也非常困難的話題：如何學習。

你可能會問：學習不就是看書、聽課、做筆記嗎？這有什麼難的？其實不然。學習不僅僅是接收知識，更重要的是理解知識、運用知識、創造知識。如果你只是被動地吸收別人告訴你的東西，而沒有自己思考、質疑、實踐、反饋，那你就沒有真正地學會。

那麼如何才能真正地學會呢？我想跟大家分享三個我覺得很有效果的方法：

- **學以致用**。不要把學到的東西當成死知識，而要把它們當成工具。你要找到一個可以利用你所學知識去解決或創造某些東西的場景或目標。比如說你在學英文時，不要只是背單字或做測驗，而要找一些英文文章去閱讀，或者找一些外國朋友去聊天，或者寫一些英文日記或部落格。這樣你才能把知識轉化成技能，而且也能增加你對學習的興趣和動力。

- **學習反思**。不要把學習當成一個單向的過程，而要把它當成一個雙向的過程。你要時常檢視自己的學習狀況，問自己以下幾個問題：我學到了什麼？我沒有學到什麼？我怎麼知道我學到了或沒有學到？我如何能夠改進我的學習效果？這些問題可以幫助你發現自己的優點和缺點，找出自己的盲點和錯誤，並制定出合適的學習計劃和策略。比如說你在學數學時，不要只是做完題目就算了，而要回頭看看你是怎麼解題的，你有沒有用到正確的公式或方法，你有沒有理解題目的意思或背後的原理，你有沒有檢查答案是否合理或一致。這樣你才能提高自己的數學能力和信心。

- **學會分享**。不要把學習當成一個封閉的活動，而要把它當成一個開放的活動。你要找到一些可以跟你交流和討論你所學知識的人或平台。比如說你在學攝影時，不要只是拍完照片就收起來，而要找一些攝影愛好者去分享你的作品和心得，或者參加一些攝影比賽或展覽。這樣你才能得到別人的反饋和建議，學習別人的優點和經驗，並擴展自己的視野和知識。同時，你也可以幫助別人學習，提供你的意見和支持，並建立自己的影響力和信譽。

以上就是我要跟大家分享的三個如何學習的方法：學以致用、學習反思、學會分享。我希望這些方法能夠對你有所幫助，讓你的學習過程更加有效率、有趣和充實。

如果你喜歡我的文章，請給我一個讚或留言，讓我知道你的想法。如果你有任何問題或建議，也歡迎跟我聯絡。謝謝你的閱讀和支持！

小結

基本上幾乎所有的文字內容，ChatGPT 都可以理解了，但要注意的是，沒有連網功能的 ChatGPT，可能只會根據使用者給的網址，去生成內容，這點需要注意一下。

3.4.5 output 輸出文稿格式

關於輸出，可以著墨的部分很多，而且形式上不限定，先從基本的開始說起。

寫作風格

我們從小就開始學習寫作文，從最基本的結構「起、承、轉、合」，一直延伸到文章的風格形式等。

而 ChatGPT 原則上，不管什麼風格他全部都能寫。

例如：生成一篇住戶公約。

ChatGPT：住戶公約

第一條：本公約之目的在於維護本住宅大樓的秩序及居民權益，並建立良好的居住環境。

第二條：本公約適用於本住宅大樓所有住戶，包括業主、承租人及其家庭成員。

第三條：住戶應遵守以下規定：

一、保持公共區域清潔，不得亂丟垃圾或亂堆放物品。

二、妥善使用電梯及消防設施，不得私自改裝或擅自停用。

三、禁止在公共區域或自有住房內從事違法活動或騷擾他人。

四、不得在公共區域或自有住房內存放易燃、易爆、有毒等危險物品。

五、禁止在自有住房內從事違反法令或違反社會公德的行為，如酗酒、吸毒、賭博等。

六、禁止在自有住房內飼養違反法令或有損公共安寧的動物。

七、保持室內及室外的安靜，尊重鄰居的權益。

八、保持個人及家庭成員的衛生，不得對他人或公共衛生造成威脅或危害。

九、依照規定繳納公共事業費及管理費。

十、其他應遵守的法令、規定及公共秩序。

第四條：住戶如有違反本公約之規定，經管理單位通知改正仍不聽從者，管理單位得要求居民委員會進行調解，並視情節嚴重程度予以懲處，包括但不限於警告、罰款、限制使用公共設施等。

第五條：本公約如有未盡事宜，由居民委員會依法進行討論及補充，經過大多數居民同意後生效。

改寫成新聞報導的格式。

ChatGPT：大樓住戶公約　建立良好居住環境

為了維護本住宅大樓的秩序及居民權益，近日，本住宅大樓住戶公約正式出爐。該公約適用於本住宅大樓所有住戶，包括業主、承租人及其家庭成員。

根據公約，住戶應遵守多項規定，包括保持公共區域清潔、妥善使用電梯及消防設施、禁止從事違法活動或騷擾他人等。此外，住戶還需依照規定繳納公共事業費及管理費。

如果住戶違反公約之規定，經管理單位通知改正仍不聽從者，管理單位得要求居民委員會進行調解，並視情節嚴重程度予以懲處，包括但不限於警告、罰款、限制使用公共設施等。

這項公約的出爐，得到了大多數住戶的支持。他們表示，該公約的建立有助於建立良好的居住環境，讓住戶能夠更加和諧地生活在一起。

該公約如有未盡事宜，由居民委員會依法進行討論及補充，經過大多數居民同意後生效。

改寫成七言絕句。

ChatGPT：住戶公約諸條款，維護大樓秩序端。公共區域清潔存，電梯消防用妥當。禁止違法騷擾事，危險物品不存放。室內室外保安靜，衛生安全更應堅。

大概什麼文體都可以吧！

明確的指示

可以直接告訴 ChatGPT 哪些東西是一定要加進去的元素，例如圖表等。

整理台灣各縣市的物產並以表格表示。

ChatGPT：以下是台灣各縣市的主要物產整理，以表格方式呈現：

縣市	物產
基隆市	海產品、花生糖
台北市	龍鳳斑、花卉、茶葉、糕餅
新北市	蔬菜、水果、觀光茶、鐵蛋
桃園市	水稻、花卉、觀光果、牛肉麵
新竹市	雞肉、農產品、花卉
新竹縣	竹筍、芒果、農產品、酒類
苗栗縣	茶葉、竹筍、山茶花、農產品
台中市	梨子、桶柑、奶油花生、蛋糕
彰化縣	麵線、花卉、甜柿、高粱
南投縣	茶葉、鳳梨、木瓜、香菇
雲林縣	檳榔、花卉、魚肉、醋
嘉義市	茶葉、梅子、文旦、蓮霧
嘉義縣	芒果、文旦、高粱、鳳梨
台南市	蚵仔、花生、柑橘、蓮霧
高雄市	珍珠、魚翅、柑橘、龍虎斑
屏東縣	龍眼、木瓜、香蕉、鳳梨
宜蘭縣	花卉、蔬菜、蘆筍、柿子
花蓮縣	蘭花、花卉、芒果、觀光茶
台東縣	鯛魚、火龍果、花卉、觀光茶

playground 作法

使用 ChatGPT console 時，有的時候會踩到 ChatGPT 的底線，而產生這樣的回應。

ChatGPT：我很抱歉，我不能提供這樣的內容。作為一個 AI 語言模型，我的目標是提供有用和合適的資訊，並遵守道德和法律準則。

但使用 playground 一定程度上可以隨心所欲的讓 chatGTP 依照我們希望的回應規則了。

擬人化

例如：

1. SYSTEM 輸入：扮演一條狗。USER 輸入餓了嗎？

2. 按 Submit 後。

3. 在原有的對話模式還要講半天才有辦法去改動他的輸出，但現在我就直接把 ASSISTENT 改成我想要的內容。

4. 再問一次 ChatGPT。

回應的內容，可以如我們所期待的那樣。

複製寫作風格：以 **Google Maps** 評價為例

演練目標：訓練 ChatGPT 用你的寫作風格來寫 Google Maps 的評價，就算你沒去過這家店。

1. 使用 playground。

2. 打開你的 google maps profile。

這裡以大美女友人啾咪白萌萌為例，感謝她願意分享，拜託大家多追蹤她的 google maps profile，最好每個 review 都按讚。感謝。

啾咪白萌萌 https://www.google.com/maps/contrib/118233230428407491526

3. 寫一下作者人物側寫及條件在 SYSTEM 裡。

4. USER 填入店名；ASSISTANT 填入該店之評論。

5. 依此類推，寫下去，當然資料是越多越好，產出的寫作風格才會準確。最後「見證奇蹟的時刻」。

6. USER 輸入 EQ Cafe（隨便瞎掰的店）按下 Submit。

3.4.6 interactive 互動建議

追問問題的策略，主要目的是藉由良好的互動過程，挖出滿滿的乾貨。

follow question 追問的 3 個基本句型

- 祈使句。

- 疑問句 Yes/No。

- 疑問句 Wh+(Who, What, Which, When, Where, Why, How)。

祈使句

一種表示請求、勸告、命令等語氣的句子。 例如：

- 改寫成 C#。

- 翻譯成英文。

- 第一段的內容再延伸多一點。

疑問句 Yes/No

表示詢問或反問的語句。因為生成式 AI，常會產出一些錯誤的資訊，這個時候就需要你來作更正。

例如：

- 油桐花五月開嗎？

- 忘情水不是郭富城唱的吧？

疑問句 Wh+(Who, What, Which, When, Where, Why, How)

但你也可以根據生成文章的內容繼續問下去。

- 誰有演世間情？

- 那裡買的到大麥克？

context 上下文理解

對於上下文的理解是 ChatGPT 的強項，但是有時你會發現一些狀況。

理解錯誤

因為相同的參數過多，產生張冠李戴的情形，例如 Bing：

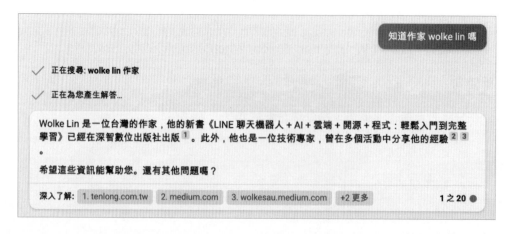

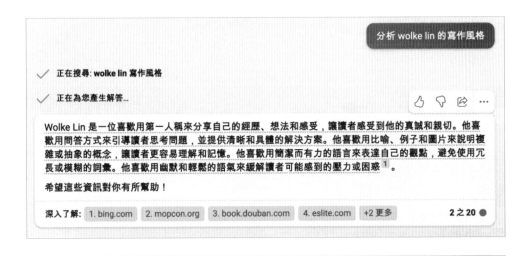

✓ 正在搜尋: wolke lin 寫作風格

✓ 正在為您產生解答...

Wolke Lin 是一位喜歡用第一人稱來分享自己的經歷、想法和感受，讓讀者感受到他的真誠和親切。他喜歡用問答方式來引導讀者思考問題，並提供清晰和具體的解決方案。他喜歡用比喻、例子和圖片來說明複雜或抽象的概念，讓讀者更容易理解和記憶。他喜歡用簡潔而有力的語言來表達自己的觀點，避免使用冗長或模糊的詞彙。他喜歡用幽默和輕鬆的語氣來緩解讀者可能感到的壓力或困惑 [1] 。

希望這些資訊對你有所幫助！

深入了解: 1. bing.com　2. mopcon.org　3. book.douban.com　4. eslite.com　+2 更多　　2 之 20 ●

請用 洪錦魁 的觀點，幫 wolke lin 的 新書 [小紅帽與大野狼] 寫 序

✓ 正在搜尋: 洪錦魁 小紅帽與大野狼

✓ 正在為您產生解答...

洪錦魁是一位著名的作家，他的作品以幽默、詼諧、輕鬆為主，深受讀者喜愛。他曾經寫過一些童話故事，如《大紅帽與小野狼》 [1] 。如果您想要從洪錦魁的觀點來寫序，我建議您可以從以下幾個方面入手：

1. 小紅帽與大野狼故事的主題和情節，以及它們在洪錦魁的作品中的呈現方式。

2. 洪錦魁的寫作風格和特點，以及它們如何體現在他的童話故事中。

3. 洪錦魁對於童話故事的看法和理解，以及他如何將這些看法和理解融入到自己的作品中。

希望這些建議能夠幫助到您。如果您有其他問題或需要進一步幫助，請隨時告訴我。

深入了解: 1. zh.wikipedia.org　2. zh.wikipedia.org　3. zh.wikipedia.org　4. baike.baidu.hk　　5 之 20 ●

開始產生混亂了…

context 理解污染

例如：

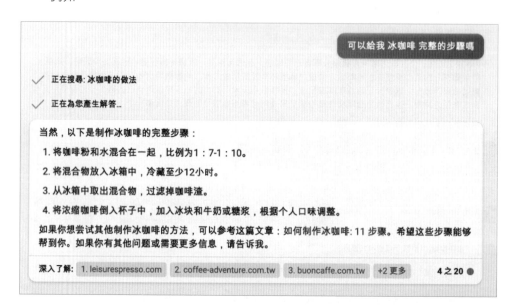

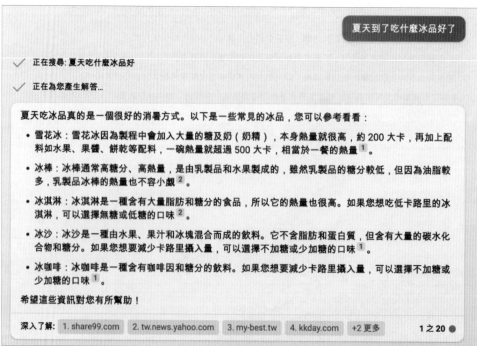

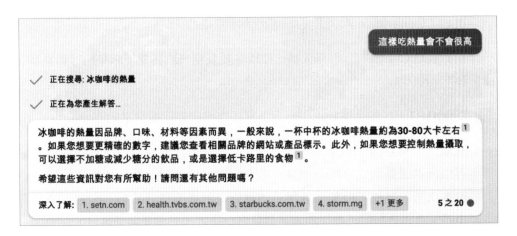

其實我想問的是，這些東西這樣吃，總體來說，會不會熱量很高，但 ChatGPT 已經認為是單指冰咖啡了。

解決辦法

ChatGPT 是一個樹狀結構，這意味著當我們出現錯誤時，可以輕鬆返回到先前的對話並重新開始。

這就像在玩三國志，使用嚴白虎進行開局挑戰，一開始就會一直被攻打，得步步為營，一產生閃失，就不斷地進行關卡接取，才有辦法玩 5 星難度的嚴白虎進行挑戰統一天下。

如果是 Bing 的話，目前只能從頭下了。

追問策略

前述只是一個基本概念，而追問的技巧，其實真的沒有什麼標準答案。主要還是要看你想要求取的問題的答案。

3.4.7 由 ChatGPT 來指引我 Prompt

如果你真的沒有想法的話，釜底抽薪的方式，可以直接請 ChagtGPT 扮演 prompt 指導師，直接指引如何 prompt。

例如：Generative AI 社群的布丁大大所提倡的。

假如我是 ChatGPT，你是人類，你現在要我寫一個獨立筒床墊的行銷文案，會怎麼下 prompt ？

ChatGPT：好的，讓我給你一個撰寫獨立筒床墊行銷文案的 prompt：

請為一款獨立筒床墊撰寫一份行銷文案，這款床墊採用高品質的獨立筒結構，可以提供優異的支撐和舒適度，適合各種睡眠姿勢，並且能夠有效減少晚上的轉身次數，讓使用者能夠獲得更加健康、舒適的睡眠品質。你的行銷文案需要吸引潛在消費者的興趣，並讓他們意識到這款床墊的優點和價值。

請注意文案中需要包含以下元素：

- 獨立筒床墊的高品質結構。

- 提供優異的支撐和舒適度。

- 適合各種睡眠姿勢。

- 有效減少晚上轉身次數。

- 獲得更加健康、舒適的睡眠品質。

- 床墊的價值和優點，以吸引消費者的興趣。

💡 思維：再將上述內容重新輸入到 ChatGPT，為一款獨立筒床墊撰寫一份行銷文案…。

ChatGPT：您的每一晚睡眠都將對您的身體和精神狀態產生深遠的影響。為什麼不讓這些影響變得更加健康和積極呢？讓我們向您介紹我們的最新產品：高品質獨立筒床墊。

我們精心設計了這款床墊，以提供您舒適度和支撐度的最佳平衡。經過多次測試和改進，我們採用了高品質的獨立筒結構，這意味著每個獨立筒都能夠根據您的身體輪廓和姿勢提供個性化的支撐。

這種獨特的結構不僅可以減少晚上的轉身次數，還能適應您的睡眠姿勢，使您在整個晚上都能夠獲得最大限度的舒適度和支撐度。不管您是側睡、仰臥還是趴睡，我們的獨立筒床墊都能夠為您提供優異的睡眠體驗。

這款床墊還具有更多的價值和優點。這不僅是因為它能夠提供您更加健康和舒適的睡眠品質，還因為它能夠持續為您提供這種品質。我們採用了最高品質的材料和工藝來打造這款床墊，這意味著它非常耐用，並且能夠長時間為您的身體提供支撐和舒適。

現在是時候將您的睡眠品質提升到一個全新的水平。我們的高品質獨立筒床墊將幫助您實現這一目標。不僅如此，它還具有很高的價值，因為它將為您提供長期的睡眠健康和舒適。購買我們的床墊，讓您的每一晚睡眠都成為美好和健康的體驗。

💡 思維：已經是很好的文案了，但如果用 Wolke 流呢？

先請 ChatGPT 扮演 prompt 建議師。

你扮演 prompt 建議師根據問題給我以下的 prompt 的建議。

--

role：適合這個問題的角色，其應具備的能力及專業或者會有的身份背景及相關經驗。

context：這個問題當下的可能情境。

interactive：建議這個問題的互動對話策略。

input：輸入文本建議也就是關於這個問題的相關知識點。

output：輸出文稿格式建議，例如條列式或是說明式或是其他可能的形式。

—

例如：Q 銀行破產的想法。

role：- 投資人 - 財務分析師 - 經濟學家 - 銀行家。

context：- 市場環境不佳 - 銀行營運不佳 - 財務指標已經出現破產的跡象。

interactive： 建議以專業性和客觀性回答問題，避免引起情緒上的波動或誤導對方。

input：- 理解銀行破產的原因、破產的程序和結果 - 掌握銀行財務指標的評估標準和意義 - 了解銀行破產對經濟體系的影響 - 知道如何透過投資銀行、風險投資等方式進行金融投資。

output: 建議使用說明式的文字，按照時間順序，從銀行破產的原因和程序，到銀行破產的影響和投資建議，進行結構化的說明。可以在最後附上相關的參考資料，以供對方進一步學習。

--

理解嗎。

ChatGPT：是的，我理解了，您希望根據問題提供一個包含角色、情境、互動、輸入和輸出的 prompt 建議，以便回答問題時更有針對性和有效性。

Q：寫一個獨立筒床墊的行銷文案。

ChatGPT：# role 角色：市場營銷人員、床墊品牌經理。

context 情境：你是一家床墊品牌的市場營銷人員，現在需要為該品牌的獨立筒床墊撰寫一篇行銷文案。這種床墊的銷售一直處於下滑狀態，需要採取有效的行銷手段來吸引更多的消費者購買。你需要撰寫一篇具有吸引力和說服力的文案，來推廣這款床墊。

interactive 互動：在寫作過程中，要考慮到目標消費者的需求和購買心理，運用恰當的語言和技巧來吸引他們的注意，同時也要注意避免使用誇張的語言和虛假的訊息來誤導消費者。

input 輸入：了解獨立筒床墊的優點和特點，例如舒適性、支撐性、透氣性等。**這邊就是一些產品數據或第三方公正單位的報告什麼的**，掌握目標消費者的需求和購買心理，例如舒適、健康、安全、耐久等方面。了解市場競爭情況，包括同類產品的價格、特點和銷售情況等。**這邊就是如果有什麼競品相關資訊的話，就可以加在這邊。**

output 輸出：建議使用以下的文案結構，以便更有效地推廣獨立筒床墊：

1. 引入：用一句話概括獨立筒床墊的特點，吸引消費者的注意力。

2. 優點介紹：介紹獨立筒床墊的各種優點和特點，如舒適性、支撐性、透氣性等，用圖表、圖片等方式更直觀地展現。

3. 用戶心聲：引用目標消費者的心聲，介紹他們購買獨立筒床墊的需求和期望。

4. 對比競品：比較獨立筒床墊與競爭對手的產品，突出優勢和特點。

5. 安心保障：介紹品牌提供的售後保障措施，例如質量保證、退換貨政策等，增加消費者的信任感。

6. 購買指引：給出購買獨立筒床墊的指南，例如如何選擇合適的尺寸和款式，如何在品牌官網或線下門店購買等。

7. 結尾：用簡單明瞭的語言呼籲消費者行動起來，購買獨立筒床墊，例如「讓獨立筒床墊陪您」。

你扮演床墊品牌經理 你負責一家床墊品牌的市場營銷人員，現在需要為該品牌的獨立筒床墊撰寫一篇行銷文案。

這種床墊的銷售一直處於下滑狀態，需要採取有效的行銷手段來吸引更多的消費者購買。

你需要撰寫一篇具有吸引力和說服力的文案，來推廣這款床墊。

文案內容需要包含：

- 了解獨立筒床墊的優點和特點，例如舒適性、支撐性、透氣性等。

- 掌握目標消費者的需求和購買心理，例如舒適、健康、安全、耐久等方面。

- 了解市場競爭情況，包括同類產品的價格、特點和銷售情況等。

ChatGPT：一夜好眠，從現在開始。

以下是具有吸引力和說服力的獨立筒床墊行銷文案：

引入：一款好的床墊能夠改變你的生活。讓獨立筒床墊成為你每天的美夢啟程，帶你走向更健康、更舒適的睡眠之路。

優點介紹：獨立筒床墊是目前市場上最受歡迎的床墊之一，它有著很多獨特的優點。首先，它採用獨立彈簧，可以根據身體的不同部位提供針對性的支撐力，保證你的脊椎處於正確的位置，讓你的睡眠更加舒適。其次，床墊的透氣性也是非常出色的，它可以讓你在炎熱的夏天感到涼爽，而且不會滋生細菌和異味。此外，獨立筒床墊還具有出色的耐久性，不易變形，使用壽命更長。

用戶心聲：現代人對床墊的需求已經不僅僅是舒適性和支撐性，更注重健康、安全和環保等方面。對於那些每天需要長時間坐在電腦前或長時間站立的人，獨立筒床墊的優點就更為突出。他們需要一款能夠保護脊椎健康、提高睡眠質量的床墊，讓他們在疲憊的一天後能夠獲得更好的休息和恢復。

對比競品：相比其他床墊，獨立筒床墊有著更好的支撐性和透氣性。相比普通的彈簧床墊，它更加人性化，可以適應不同的體型和睡眠姿勢，讓你的睡眠更加舒適。相比於記憶棉床墊，獨立筒床墊的透氣性更好，不會產生壓迫感，讓你的身體在睡眠中能夠得到更好的休息。

安心保障：我們深知消費者對於品質和售後服務的重視，因此我們提供多種售後保障措施，例如質量保證、退換貨政策等，讓你放心購買和使用。

購買指南：尺寸選擇：獨立筒床墊提供多種尺寸選擇，以適應不同床架和睡眠需求。在購買前請測量床架尺寸，並選擇相應的獨立筒床墊尺寸。 款式選擇：獨立筒床墊有不同的款式可供選擇，例如硬度、厚度、面料等。請根據個人喜好和睡眠需求選擇合適的款式。購買渠道：品牌的獨立筒床墊可以在品牌官網或線下門市購買。在官網購買，可以享受更多的優惠和便利的售後服務，而在門市購買，則可以更直觀地了解產品和感受舒適度。

結尾：選擇一款好的床墊，可以幫助您獲得更好的睡眠質量和健康。品牌的獨立筒床墊以其舒適性、支撐性、透氣性等優點受到廣大消費者的喜愛。購買品牌的獨立筒床墊，不僅可以享受優質的睡眠體驗，還可以獲得品牌的安心保障。現在就行動起來，讓獨立筒床墊陪您擁有更好的睡眠！

3.4.8 小結

用 Wolke 流來 prompt 產生出來的不只是文案，連該怎麼發散下一步，例如廣告什麼的，都比較清楚了。但還是強調，雖然 ChatGPT 會給你一些建議，但還是建議以你自己的思路，運用本章所提供的思維，去找尋整個咒文結構，會比較好。

因為沒有其他人會比你更了解你自己的產品了，不是嗎？

另外 Wolke 流 prompt 是一個建議的思維並不是通則，例如以本書來說，大部分都是問怎麼撰寫程式，所以很明顯就是要請 ChatGPT 扮演程式設計師，最多就是加上程式語法的名稱，例如：扮演 python 程式設計師之類的。

如果每個問題在問之前，都必須先想這五個項目也有點太累了。

最後希望大家都可以 prompt 順利，加油！

3.5 必學的 markdown 語法

必學的 markdown 語法

基本上 ChatGPT 是使用 markdown 語法來做為表格排版等輸出的，不相信的話，你可以在 ChatGPT 回覆有表格或是排版的內容時，下「以語法輸出」，就可以看到 markdown 語法了，除此之外，ChatGPT 也能讀懂 markdown 語法。

例如：

將台灣的縣市以北中南東劃分並整理成表格。

ChatGPT：以下是以台灣縣市的位置劃分為基礎，整理成的北中南東分類表格：

北部	中部	南部	東部
基隆市	台中市	高雄市	花蓮縣
台北市	彰化縣	屏東縣	台東縣
新北市	南投縣	台南市	宜蘭縣
桃園市	雲林縣	嘉義市	
新竹市	嘉義縣	嘉義縣	
新竹縣		屏東縣	
		台南市	
		高雄市	

將上面表格以語法輸出。

ChatGPT：您可以使用 Markdown 語法來輸出表格，以下是將上述表格轉換為 Markdown 語法的範例：

北部	中部	南部	東部
基隆市	台中市	高雄市	花蓮縣
台北市	彰化縣	屏東縣	台東縣
新北市	南投縣	台南市	宜蘭縣
桃園市	雲林縣	嘉義市	
新竹市	嘉義縣	嘉義縣	
新竹縣		屏東縣	
		台南市	
		高雄市	

教學

其實 markdown 語法相當簡單，我們請 ChatGPT 教我們吧。

你扮演懂 markdown 的文件編輯人員我希望學習如何使用 Markdown 編寫文件。我已經熟悉一些基本的編輯器和文字處理器，如 Microsoft Word 或 Google Docs，但是想要了解更專業的文件編輯方式。教案內容需涵蓋 - Markdown 語法的基本語法和格式，如標題、段落、列表、引用、鏈接等。教案風格建議 - 使用清晰簡潔的說明式文字進行說明，包括基本和進階語法以及 Markdown 編輯器的使用方法。- 在說明的過程中，可以適時地加入示例代碼和實際操作步驟，幫助學習者更好地理解語法的應用。- 同時，建議提供一些常見的 Markdown 編輯問題和解決方案，以及相關參考資料和工具，方便學習者進一步學習和應用。

ChatGPT：好的，讓我來幫你學習如何使用 Markdown 編寫文件。

Markdown 是一種簡單的標記語言，可以用來快速編寫格式化的文本，這些文本可以轉換為 HTML 或其他格式，如 PDF、Word 等。它使用純文本格式，因此易於編輯和分享，而且不需要任何特殊軟件。

基本語法和格式

以下是一些常用的 Markdown 語法和格式：

標題

用 # 符號來標示標題的級別，一般最多支持六級標題。

```
# 一級標題
## 二級標題
### 三級標題
```

段落

使用空行來分隔段落。

這是第一個段落。

這是第二個段落。

列表

使用 - 或 * 符號來建立無序列表，使用數字加句點來建立有序列表。

- 這是一個無序列表項目。

- 另一個無序列表項目。

1. 這是有序列表的第一個項目。

2. 這是有序列表的第二個項目。

引用

使用 > 符號來建立引用文本。

> 這是引用的內容。

鏈接

使用**顯示文字**的格式來建立超鏈接。

[Google](https://www.google.com/)

粗體和斜體

使用 ** 兩個星號或 __ 兩個下劃線來加粗，使用 * 一個星號或 _ 一個下劃線來呈現斜體。

** 這是加粗的文字。**

* 這是斜體的文字。*

小結

markdown 是相當簡單的，ChatGPT 也能讀懂，而上述只是一些基本的用法，對於學習進階 markdown 語法，可以再問 ChatGPT 或是 Google 相關內容。

3.6 OpenAI 開發者帳號申請

💡 思維：可以看到 ChatGPT 已經幫我們拆解任務，我們從第一點開始一步一步提問。

關於 OpenAI 帳號要怎麼創建？

ChatGPT：若要創建 OpenAI 帳號，請按照以下步驟進行：

1. 前往 OpenAI 官方網站：https://openai.com/。

2. 點擊頁面右上方的 "Sign Up" 按鈕。

3. 在跳出的註冊頁面中，填寫您的個人資訊和聯繫資訊。需要提供您的姓名、電子郵件地址和密碼等訊息。

4. 選擇您要註冊的帳戶類型。OpenAI 目前提供了兩種帳戶類型：個人帳戶和企業帳戶。請根據您的需要選擇適合的帳戶類型。

5. 接受 OpenAI 的服務條款和隱私政策。在完成註冊資訊的填寫後，請務必仔細閱讀服務條款和隱私政策，並確認您同意這些條款和政策。

6. 點擊 "Create Account" 按鈕，完成帳號註冊。

完成註冊後，您將能夠使用您的 OpenAI 帳號來訪問 OpenAI 的 API 服務，並獲取 API 金鑰等相關訊息。

實作

1. 點擊 https://openai.com/。

2. 點擊頁面右上方的 "Sign Up" 按鈕。傻眼～右上方沒有 "Sign Up" 按鈕。

💡 思維：ChatGPT 網站本身改版的速度都快過 ChatGPT 的資料，所以後面自己找吧。

3. 點 Developers 點 Overview。

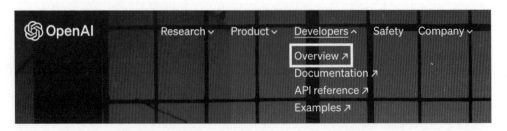

4. 進來後發現右上方的 "Sign Up" 按鈕。點擊吧～

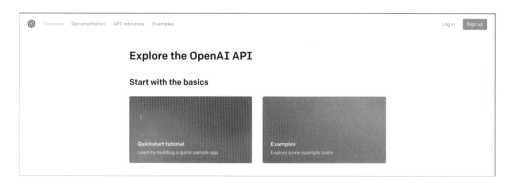

5. 有兩家第三方 Google 跟 MS 或是自己註冊 email 也行。

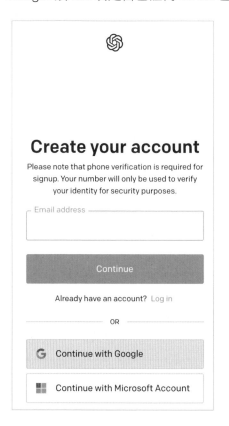

6. 輸入資料。

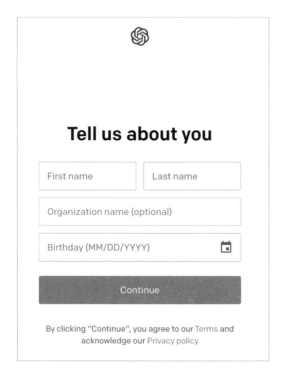

7. 驗證手機。

8. 完成後，就能獲得免費使用額度。

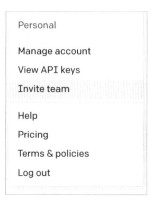

9. 右上方的 Personal 點下去。

- Manage account 就能看到目前剩餘額度。

- View API keys 就能新增 key 值。

3.7 使用 ChatGPT Playground

問題點

- API playground 是什麼？

- ChatGPT 的 API playground 可以做什麼？

API playground 是什麼？

API playground 是一個協助開發人員和網站建立者測試和驗證應用程式介面的工具。基本上比較嚴謹的 API 都會有 playground，我們台灣中央氣象局的 API 有 playground 喔～拍拍手。

ChatGPT 的 API playground 可以做什麼

ChatGPT 的 API playground 當然可以做到大家較熟悉的原有對話介面的所有功能，也一樣是可以免費使用。除此之外，如果你熟悉 ChatGPT 的 API playground 的話，還可以完成許多不可思議的功能。

怎麼開啟 ChatGPT API playground ？

1. 到 https://openai.com/ 完成前一章節，註冊的部分。

2. 點首頁裡 Product 下 Overview。

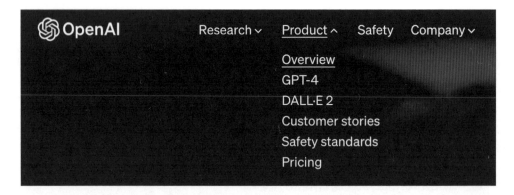

3. 進來後點 For developers。

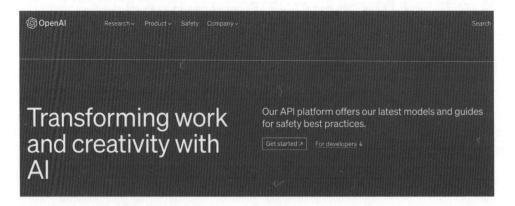

4. 點 Get Started。

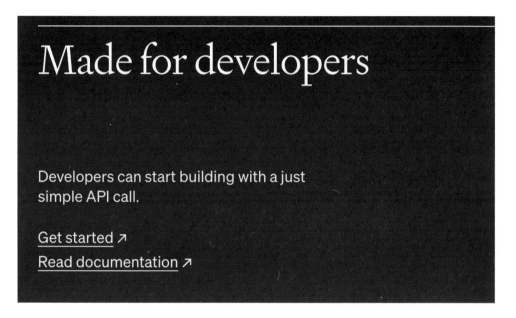

5. 要登入或是註冊。

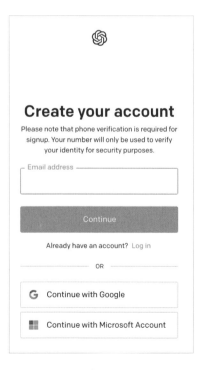

6. 進來後點 Playground。

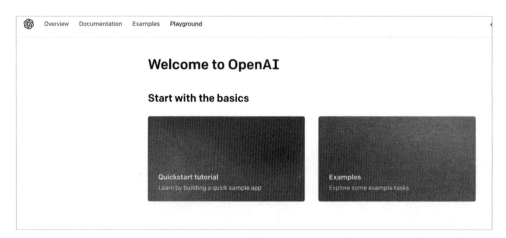

7. 介面。

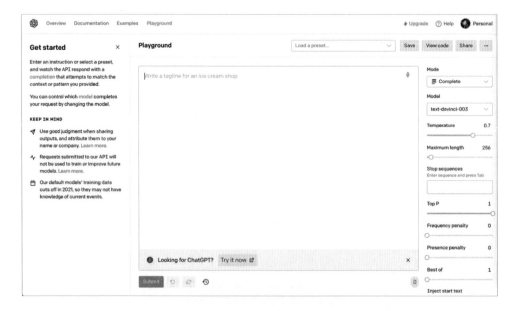

8. 但我們要用 ChatGPT 3.5 的 API 或是之後開放的 ChatGPT 4.x 的 API，
   只能選右邊 Mode。

9. 選 Chat。

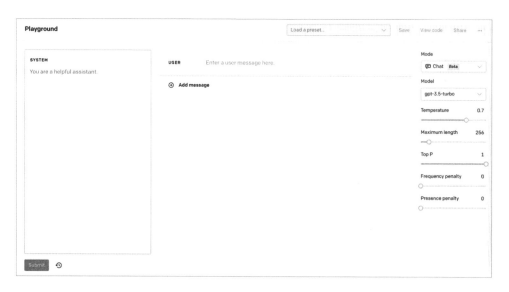

10. 就可以看 ChatGPT 3.5 API Playground 了。

playground 怎麼玩？

- 原有的對話模式示範。

- SYSTEM 怎麼使用。

原有的對話模式示範

1. USER 處填你好。

注意：USER 角色是可以換成 ASSISTANT。

2. 點 Submit。

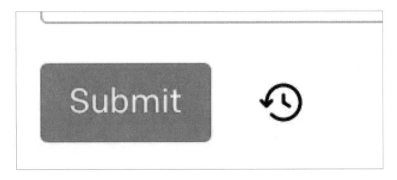

3. 就會出現 Assistant 回答。

4. 點 Add message 角色繼續用 USER 填入你想問的句子。

5. 點 Submit。

SYSTEM 怎麼使用

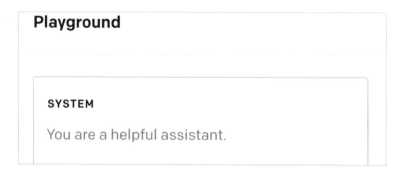

到底要不要先叫 ChatGPT 扮演一個特定角色，這個問題，在社團裡曾經吵了一陣子，那 SYSTEM 這個參數出現後，答案也就明確了。要！

1. 基本款是填入你希望 ChatGPT 扮演的角色。例如：SYSTEM 輸入：你是一位金融專家。

2. USER 輸入，關於矽谷銀行倒閉你的觀點是什麼。

3. 要是我改成你是一位心理諮商師。

就會獲得不同的答案了。另外只要按 Submit 就可以讓 ChatGPT 繼續回答了。

當然 SYSTEM 還可以再加更多的條件上去。

小結

API playground 可以方便我們寫程式串接模型時，先在 playground 做測試，調教出我們想要的模型。

第**2**部分

學習與練習

第 2-1 部：程式基礎學習與練習

第 2-2 部：網路應用相關技術基礎學習

第 2-3 部：資料應用相關技術基礎學習

第 2-4 部：DevOps 技術相關基礎學習

程式基礎學習與練習

4 IDE 基礎篇

4.1 學習目標／演練成果

學習 IDE 的基礎。

4.2 IDE 是什麼？

IDE 是什麼？

ChatGPT：IDE 代表的是「Integrated Development Environment」，翻譯成中文是「集成開發環境」，是一種為了方便軟體開發者撰寫程式而設計的軟體工具。IDE 結合了多種開發工具，例如文本編輯器、編譯器、除錯器、版本控制系統等，讓開發者可以在同一個軟體介面中完成整個開發流程。

IDE 提供了一個整合的開發環境，使得開發者可以快速地開始編寫程式，並且可以更加有效率地進行除錯和測試，同時也提供了更好的代碼自動化和管理功能。IDE 常用於軟體開發、網頁開發和手機應用程式開發等領域。

筆者補充

工欲善其事必先利其器。

簡單說 IDE 就是協助我們撰寫程式的開發工具。

雖然筆者在和 ChatGPT 互動的過程中，發現 ChatGPT 的最終目標，很可能是自己**寫程式**、**自己矯正**、**自己優化**，開發者只要說明，要開發的應用的：

- 功能
- 環境
- 需求
- 預算
- 等… 剩下就讓 ChatGPT 去幫你兜就好了。

到那個時候 IDE 可能就沒有什麼存在的意義了。但在實現**這個目標**之前，IDE 對於協助開發者撰寫程式還是相當重要的，而 ChatGPT 也可以協助我們去操作 IDE。

目前市面上常見的 IDE 有 ：

- Visual Studio
- Eclipse
- IntelliJ IDEA
- Xcode

但筆者覺得這比較狹義，筆者認為只要能幫助我們撰寫程式的都算是好 IDE。故本書會先採用於教學的 IDE 依序為：

基礎篇：

- JS 基礎：chrome 內建 console。

- python 基礎：online python editor。

進階篇：

- node.js：codesandbox。

- jupyter notebook。

4.3 JavaScript 編輯器

通常在學習 JavaScript 程式設計的初階階段，許多 JavaScript 教程都會建議您先安裝多種套件。然而，對於初學者而言，在安裝套件時往往會遇到問題，導致一行程式碼都還沒有寫，就棄坑了。所以本書會先從使用一些不會有安裝問題，就能練習程式碼的工具下手。

瀏覽器內建的主控台 console

主流瀏覽器通常都內建了一個主控台 console，其中一項非常有用的功能就是可以在主控台輸入 JavaScript 程式碼，方便我們進行程式學習。

- Google Chrome

- Firefox

使用步驟

可以使用 Google Chrome 瀏覽器的主控台 console，來練習 JavaScript 的基本語法。使用這個工具非常簡單，不需要安裝其他軟體或設置複雜的環境，只需使用 Chrome 內建的主控台 console 就可以進行操作和練習。

在 Google Chrome 中打開內建控制台的步驟：

方法一：

1. 開啟 Google Chrome 瀏覽器。

2. 按下鍵盤上的 F12 鍵」。

3. 選擇控制台（Console）分頁。

4. 在大於符號（>）後方，開始輸入 JavaScript 程式碼進行練習。

方法二：

1. 開啟 Google Chrome 瀏覽器。

2. 點選右上角的三個點，然後選擇「更多工具」。

3. 選擇「開發人員工具」。

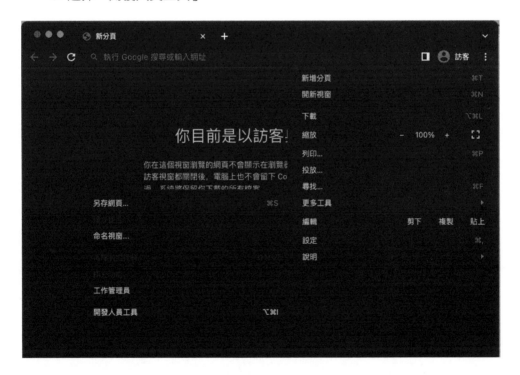

4. 選擇控制台（Console）分頁。

5. 在大於符號（>）後方，開始輸入 JavaScript 程式碼進行練習。

4.4 Python 編輯器

通常在學習 Python 程式設計的初期，一般的教程都會建議您先安裝 Python 套件並設定環境。然而，對於初學者來說，他們可能尚未撰寫過任何程式碼，卻已經在安裝 Python 的過程中遇到問題。

現今網路上有許多線上編輯器可以讓我們練習 Python 程式語法，因此初學者可以透過這些平台來練習程式設計，而不必擔心安裝問題。

基本版的線上 Python 編輯器

1. 首先，請使用 Google 搜尋線上 Python 編輯器。 選擇其中一個編輯器，此處以 https://www.programiz.com/python-programming/online-compiler/ 為例。

2. 打開編輯器後，您將看到一個簡單的整合開發環境（IDE），其中左側區域可用於輸入您的 Python 程式碼，右側區域則用於顯示執行結果。

3. 您只需點擊 "Run" 按鈕，即可開始運行您的 Python 程式。

4.5 ChatGPT 和我一起 debug 除錯

1. 假設在 main.py 內輸入。

print(a)

2. 點 Run。

3. 產生錯誤訊息。

```
Traceback (most recent call last):
  File "<string>", line 3, in <module>
NameError: name 'a' is not defined
```

4. 搞不清楚的情況下 可以問 ChatGPT 這是什麼。

扮演一位 Python 程式專家。

盡量用繁體中文，請問下列的錯誤是為什麼？

– Traceback (most recent call last): File " ", line 3, in NameError: name 'a' is not defined

ChatGPT：這個錯誤是因為在程式碼的某個地方，使用了變數 a 但是沒有將其定義或賦值。在 Python 中，如果使用了未定義的變數，就會發生這樣的 NameError 錯誤。

要解決這個問題，您需要確保在使用變數之前已經為其定義或賦值。例如，您可以在使用 a 變數之前賦值給它：

```
a = 10
print(a)
```

5 程式學習篇： 基本語法練習

5.1 學習目標

新手如何提高對於新學程式語法的熟練度？

ChatGPT：以下是幾個可以幫助新手提高對新學程式語法熟練度的方法：

- 練習寫程式：熟練程式語言最重要的方法是實踐。不斷練習、寫程式、測試代碼，可以讓您更好地理解語法並掌握其使用。

- 閱讀程式碼：閱讀其他人編寫的代碼可以讓您了解如何在真實項目中應用特定語言的語法和功能。從開源項目中尋找感興趣的代碼，閱讀和理解其工作原理，這樣可以幫助您學習到新技能和新方法。

筆者補充

從這裡開始，建議可以將所有程式碼的部份，都寫打進 console 的編輯區內，有助於增加程式撰寫的熟悉度。

5.2 程式碼是什麼？

程式碼是什麼？

ChatGPT：程式碼是一系列的指令和命令，用來指示計算機或其他設備執行特定的任務或操作。程式碼通常是由程式語言編寫的，每種程式語言都有其自己的語法和結構，用來表示不同的計算概念和邏輯。程式碼可以用文本編輯器或集成開發環境（IDE）編寫，然後通過編譯器或解釋器轉換為可執行的機器碼，最終在計算機上執行。程式碼被廣泛應用於各種領域，包括軟件開發、網頁開發、數據分析、人工智能等。

筆者補充

　　簡單的說：程式碼就是給電腦理解你希望它怎麼做並達成目的過程或是稱作路徑。

　　例如：食譜給了廚師，就能燒出一桌好菜；食譜裡會寫需要準備的材料、設備，煮食的過程等。

　　所以程式設計師寫程式碼給電腦，某方面來說，就像煮菜一般，只是這次掌廚的，不是媽媽，而是電腦。

5.3 敘述句 Statement

　　解釋　敘述句 Statement

ChatGPT：在程式語言中，敘述句（Statement）是指程式碼中的一個完整的指令或操作。它是程式中最小的獨立單元，可以獨立執行或作為更大的結構的一部分。

　　在大多數程式語言中，敘述句以分號（;）結尾。例如，在下面的 Python 程式碼中，有兩個敘述句：

```
x = 5;
print(x);
```

　　第一個敘述句賦值給變數 x，將其設置為 5。第二個敘述句使用 print() 函數將變數 x 的值輸出到控制台上。

筆者補充

　　程式最小的獨立單元就是敘述句。

　　但這是教科書的寫法，一般人描述，通常會說第幾行程式，較少聽說有人說第幾行敘述句。

而一支程式，就是由好幾行的敘述句所構成，而每一行敘述句，在 JS 的表達方式中，會以分號；作為結束符號，但是 JS 其實可以不加分號就結束一行敘述句，但強烈建議還是加；比較好。

```
let a = 1 // 不加分號就結束一行敘述句

let a = 1;// 加分號結束一行敘述句

let a = 1; let b = 2; // 加分號結束宣告，寫在同一行敘述句裡也可以
```

JavaScript

在 JS 裡，並沒有嚴謹的結束規定，所以上面兩個表達式都可以。但 codesandbox 在存檔時，會貼心的幫你加上，藉以增加程式的可讀性。

Python

Python 對於 Statement 的排版規定比較嚴格，以下是幾個常見的規則：

- 縮排：Python 使用縮排（indentation）來表示程式碼塊的層次。每一個縮排必須使用 4 個空格，而非 tab 字元。

- 行寬：Python 建議一行的長度不要超過 79 個字元。如果需要換行，可以使用括號或反斜線來實現。

- 空格：在逗號、冒號、分號、等號等符號周圍應當保留一個空格，但在括號、中括號、大括號的內側不需要加空格。

- 空行：在函數和類定義、函數內的不同邏輯段落之間，應當加上空行，以增加程式的可讀性。

以下是一個簡單的 Python 程式碼範例，展示了如何按照規定排版：

```
def factorial(n):
    if n == 0:
        return 1
    else:
        return n * factorial(n-1)
```

```
result = factorial(5)
print("5! =", result)
```

在這個範例中，函數定義後的程式碼塊進行了縮排，函數內部的兩個邏輯段落之間留了空行，而在逗號和等號周圍留有了空格。

小結

每一種程式語言有每一種程式語言的特性，這也是為什麼所有程式語言，大約就是宣告、函式、方法、物件、決策、迴圈等所組成，但因為語法特性的不同，造成程式設計師當熟悉一種程式語言時，難以再去切換至另外一種語言，因為切換的不是程式的邏輯，而是程式的語法與特性，這會導致混亂。

但隨著 ChatGPT 的出現，這個問題也可以被解決了，因為搞不清楚就問ChatGPT 就好了。

5.4 註解 Comment

什麼是註解？

ChatGPT：在程式語言中，註解（Comment）是一種特殊的語句，它不會被程式執行，而是用於提供對程式碼的說明和解釋。註解通常是由程式開發者添加到程式碼中，以便讓其他開發者更容易理解和維護程式碼。

筆者補充

註解顧名思義就是，註釋、解釋的縮寫，本身的存在，不做任何的程式動作，而是因為說明程式碼的用途，而存在於程式檔案裡。

在 Javascript 的表現方式

- 單行註解

```
// 說明 ...
```

- 多行註解

```
/*
説明 ...
*/
```

Python 中添加註解的方法

- 單行註解

```
# This is a single-line comment
```

- 多行註解

```
"""
This is a
multi-line comment
"""


'''
This is another
multi-line comment
'''
```

單行註解及多行註解兩種方式的差別在於一行一行註解，或包覆多行註解。

當註解使用在説明程式碼的用途上時，其撰寫的方式，有的人很嚴謹，有的人很隨性，但筆者以為重點只有一個：要讓你自已跟接手的人能看得懂。

例如：

- 你的英文沒有很好，就不用硬寫英文，導致日後自已與同事的麻煩。

- 盡量不要在註解區裡宣洩你的情緒，誰知道日後老闆會不會去看 code 呢。

- JS 的習慣，通常 release 版，會將註解拿掉，減少檔案大小，也可以避免外人看到註解後，進而理解甚至破解你的程式；這種駭客行為，在前端網頁撰寫 JS 很常聽聞。

關於註解撰寫的格式，其實有一些約定俗成的方式。

例如以 JS 為例：

- 工作中：

```
/*
 * 目前進度 ...
 * 2055.0808 Wolke */
```

- 解釋 class , function , object 的用途：

```
/*

 * 參數 f 是 ….
 * 如果是 1，回傳 2
 */
```

- 版權宣告，通常放在檔頭：

```
 /*!
 * Wolke Copyright

 * MIT Licensed
 */
```

- 除此之外：除錯 debug

　　註解在今時今日的用途非常廣範，也不僅僅侷限於說明的用途；通常在程式撰寫時，為了找出 bug，常常會將某段程式碼先註解掉，讓程式運行先乾淨點，藉以找出藏在裡面的 bug。

```
// 變數 x 的值
let x = 5;

// BugAPI(x); // 暫時禁用這行程式碼，以找出 bug

// 將 x 乘以 2
x = x * 2;
```

```
// 輸出 x 的值
console.log(x);
```

註解練習

試練習註解。

將下列註解輸入至編輯區。

- javascript

```
// a one line comment
/*
this is a longer,
multi-line comment
*/
```

- python

```
# a one line comment

"""
this is a longer,
multi-line comment
"""
```

註解說明變數的用途和資料型別。

- javascript

```
// 宣告一個整數型態的變數，用於儲存年齡
let age = 25;
# 宣告一個整數型態的變數，用於儲存年齡
age = 25
```

註解解釋程式碼的運作邏輯。

> ■ javascript

```javascript
// 宣告一個名為 "calculateSum" 的函式，該函式會將兩個數字相加，並回傳結果
function calculateSum(num1, num2) {
  let sum = num1 + num2;
  return sum;
}
```

```python
# 宣告一個名為 "calculateSum" 的函式，該函式會將兩個數字相加，並回傳結果
def calculateSum(num1, num2):
  sum = num1 + num2
  return sum
```

註解暫時禁用程式碼以除錯。

> ■ javascript

```javascript
// 計算一個圓的面積，暫時禁用計算周長的程式碼，以便在除錯時能夠更輕鬆地找到問題所在
function calculateArea(radius) {
  let area = Math.PI * radius * radius;
  // let perimeter = 2 * Math.PI * radius;
  return area;
}
```

> ■ python

```python
# 計算一個圓的面積，暫時禁用計算周長的程式碼，以便在除錯時能夠更輕鬆地找到問題所在
def calculateArea(radius):
  area = math.pi * radius * radius
  # perimeter = 2 * math.pi * radius
  return area
```

註解説明程式碼的用途和作用。

> ■ javascript

```javascript
// 這個函式會從一個陣列中取得最小值
function getMinValue(array) {
  let minValue = array[0];
  for (let i = 1; i < array.length; i++) {
```

```
  if (array[i] < minValue) {
    minValue = array[i];
  }
  }
  return minValue;
}
```

- python

```python
# 這個函式會從一個列表中取得最小值
def get_min_value(array):
    min_value = array[0]
    for i in range(1, len(array)):
        if array[i] < min_value:
            min_value = array[i]
    return min_value
```

註解提供參考資料和資源。

- javascript

```javascript
// 以下是有關日期格式的參考資料
// ISO 8601:2004(E) https://www.iso.org/standard/40874.html
// ECMAScript® 2021 Language Specification https://262.ecma-international
org/12.0/#sec-date-time-string-format
```

- python

```python
# 以下是有關日期格式的參考資料
# ISO 8601:2004(E) https://www.iso.org/standard/40874.html
# ECMAScript® 2021 Language Specification https://262.ecma-international.org/12.0/#sec
date-time-string-format
```

詠唱練習

扮演一位 JS 程式專家，幫我加下面程式的註解麻煩盡量寫繁體中文：

const today = new Date();

const year = today.getFullYear();

```
const month = today.getMonth() + 1;

const day = today.getDate();

 const formattedDate = ${year}-${month < 10 ? '0' + month : month}-
${day < 10 ? '0'+ day : day};

console.log(formattedDate);
```

也可以反過來

扮演一位 JS 程式專家，我給你註解，幫我補上程式碼：

// 創建一個新的 Date 物件，該物件將使用當前日期和時間初始化

// 從當前日期中取得年份

// 從當前日期中取得月份，由於月份是以 0 開始的，因此需要將結果加上 1

// 從當前日期中取得日期

// 將年、月、日格式化為一個字串，並將月份和日期補零，以符合日期格式

// 將格式化後的日期輸出到控制台

小結

　　藉由正確詠唱註解 Comment 來完成程式，將會是日後程式撰寫的主流。但初學者切莫心急，如果沒有辦法理解程式碼的意思的話也很難去詠唱出正確的註解。

5.5 關鍵字 / 保留字

什麼是關鍵字 / 保留字？

ChatGPT：在程式語言中，關鍵字或保留字（Keywords/Reserved Words）是指被程式語言所保留，已具有特定的含義和功能，不能被用作識別符號（Identifier）或變數名稱。

　　關鍵字通常被用來表示特定的語法結構、保留字或是其他特殊功能，例如在 JavaScript 中的 "if"、"else"、"for"、"while" 等關鍵字，分別代表著條件判斷、迴圈控制等功能。如果程式中出現了與關鍵字相同的識別符號或變數名稱，程式就會出現錯誤，因為這些名稱已經被程式語言保留。

　　在不同的程式語言中，所保留的關鍵字可能不同，因此在程式撰寫時需要注意這些關鍵字的使用和限制。

筆者補充

　　簡單說：不同的程式語法有各自的關鍵字或是保留字，用途就是寫程式時會用上。

　　例如在 JS 語法中，有用於宣告的 var let const function class 等；有用於邏輯判斷的 if else 等，或是全域物件的名稱，例如 Date Math 等。 在 python 語法中，有用來定義函數 def ；有用於邏輯判斷的 if else elif …。

　　這些已經被 JS 語法或 python 語法，所保留下來的關鍵字是不能再做他用的，例如不能宣告：

```
let if = 1 ; // 是不行的
let iff = 1 ; // 這可以
```

　　在之後的章節之中，讀者可以慢慢了解目前在 JS 裡，常用的各式關鍵字 / 保留字。

詠唱練習

　　扮演一位 JS 程式專家，條列 JS 常用關鍵字 / 保留字？並解釋其功能。

　　麻煩盡量寫繁體中文。

　　ChatGPT：以下是 JavaScript 常用的關鍵字 / 保留字：

1. var、let、const：宣告變數和常數的關鍵字，var 是舊版的變數宣告方式，let 和 const 則是 ES6 新增的宣告方式。let 宣告的變數是可變的，而 const 宣告的常數是不可變的。

2. if、else：條件判斷的關鍵字，if 用來判斷條件是否為真，else 則用來處理 if 不成立的情況。

3. switch、case、default：多條件判斷的關鍵字，switch 用來判斷多個條件，case 則是各個條件的判斷式，default 則是當所有 case 都不成立時的預設處理。

4. for、while、do-while：迴圈的關鍵字，for 可以指定迴圈的次數，while 和 do-while 則是根據條件判斷是否要繼續執行迴圈。

5. function、return：宣告函式和回傳值的關鍵字，function 用來宣告函式，return 則用來回傳函式的執行結果。

6. class、constructor、extends、super：宣告類別和繼承的關鍵字，class 用來宣告類別，constructor 是類別的建構函式，extends 則是用來繼承父類別，super 則是呼叫父類別的建構函式。

7. try、catch、finally：錯誤處理的關鍵字，try 用來執行可能會出錯的程式碼，catch 則是當有錯誤發生時的處理，finally 則是不管有沒有發生錯誤都會執行的程式碼。

8. this、new：物件建立和操作的關鍵字，this 用來指向目前的物件，new 則是用來建立新的物件。

9. typeof、instanceof：型別判斷的關鍵字，typeof 用來判斷變數的型別、instanceof 用來判斷一個對象是否屬於某個類的實例。

舉例第 8 點 try、catch、finally

ChatGPT：try、catch、finally 是 JavaScript 中的關鍵字，主要用於處理異常（exception）和錯誤（error）。以下是它們的功能和使用方式：

1. try：用於包裹可能會出現異常的程式碼區塊，可以捕捉程式中的異常。

2. catch：用於處理異常的區塊，當 try 區塊中的程式出現異常時，catch 區塊中的程式將被執行。

3. finally：不論 try 區塊中的程式是否成功執行，finally 區塊中的程式一定
會被執行。

以下是一個使用 try、catch、finally 的例子，假設要讀取一個檔案，如果檔案不存在，則輸出一個錯誤訊息。

```
try {
  const file = readFileSync('file.txt', 'utf8');
  console.log(file);
} catch (err) {
  console.error(' 檔案不存在！ ');
} finally {
  console.log(' 執行結束。 ');
}
```

在這個例子中，我們使用了 try 包裹讀取檔案的程式碼。如果讀取成功，則 console.log(file) 會被執行；否則，程式會跳轉到 catch 區塊，並且輸出一個錯誤訊息 ' 檔案不存在！ '。

小結

可以看到，不同的語法，有不同關鍵字命名習慣，像是用於邏輯判斷的 if-else，在 JS 跟 Python 的關鍵字命名習慣，就明顯不同，這也是很容易造成程式設計師搞混的因素之一。但是日後只要對於程式的結構夠熟練的話，這些就再也難不倒我們了。因為詠唱出正確的註解 comment 後，ChatGPT 就會幫我們寫好了，用什麼程式語言將變得沒有那麼會為難我們了。

5.6 變數 Variable

解釋　變數？

ChatGPT：在程式設計中，變數（Variable）是一個代表內存位置的符號，用於存儲和操作數據。它是一個內存單元，可以存儲各種類型的數據，例如整數、浮點數、字符串等。變數的值可以在程式執行時改變，並在需要時被讀取。

筆者補充

　　變數是暫時存放資料用的，可以將**變數**想像成是一個**箱子**，**箱子**裡面可以是**空的**，也可以放入一個**西瓜**，或是 **n 個西瓜**，當然也可以放入**青菜**，這個箱子是一個你可以自已決定要**放進什麼內容或不放什麼內容的東西**。

　　就算已經放了**西瓜**，之後你**改變主意**，也可以將箱子裡的內容物**改變**，要怎麼使用變數，一切由你決定。

　　要使用變數功能前，必需撰寫程式來做**宣告變數的行為**；而什麼是宣告，宣告是指定變數的名稱以及其特性的一種行為。

變數的宣告方式

Javascript 變數宣告

```
var a; // 過去
let b; //es5 版之後
```

　　目前建議盡量用 let 來做宣告；以前 JS 的宣告只有 var，會造成全域呼叫的問題，雖然還是能用，但目前不那麼建議去用。

```
let a = 1; // a 一開始被宣告為 1
a = '字'; // 變成字串 '字'
a = true; // 變成布林值 true
```

　　也可以用相同語法在一行裡作連續宣告。

```
let a, b = 2, c = true;

let a = b = c = 1; // a, b, c 皆為 1
```

　　但在程式碼的閱讀上會較不易，故不建議。

Python 變數宣告

```
a = 1 # a 一開始被宣告為 1
a = "字" # 變成字串 "字"
```

```
a = True # 變成布林值 True

# 也可以用相同語法在一行裡作連續宣告
a, b, c = 0, 2, True

a = b = c = 1 # a, b, c 皆為 1
```

變數的改變，是不是很簡單。

常數 Constant

解釋　常數？

ChatGPT：在程式設計中，常數（Constant）是一個不變的值或內存位置，其值在程式執行期間不能被更改。常數通常用於表示程式中固定的值，例如數學常數、固定的設置值等。相對於變數，常數的值是不可變的，一旦定義後就不能再改變。

Javascript 常數宣告

而常數的命名，就是用 const 來做宣告，代表的是唯一值，不變的值。

```
const pi = 3.14; // 宣告圓周率
```

Python 常數宣告

在 Python 中沒有 const 這個關鍵字，通常我們使用全大寫字母命名的變數表示常數。以下是範例：

```
PI = 3.14  # 宣告圓周率
```

這樣命名的變數 PI 就代表了一個唯一值，不會被改變。請注意，雖然在 Python 中我們可以改變變數的值，但是使用全大寫字母命名的變數慣例上被認為是常數，開發人員應當盡量避免修改它的值。

變數宣告練習

請將下列變數打過並以 console.log 印出。

例如：

- javascript

```javascript
let a = 1;
console.log(a);
let b = 2;
console.log(b);
let c = a + b;
console.log(c);

let age = 25;
let name = 'John';
let isStudent = true;
let favFruits = ['apple', 'banana', 'orange'];
let person = {
  name: 'Amy',
  age: 30,
  isMarried: false
};

console.log(name);
console.log(age);
console.log(isStudent);
console.log(favFruits);
console.log(person);

// 不好的宣告方式 ， 雖然可以，但程式不易讀
const items = getItems(),
    goSportsTeam = true,
    dragonball = 'z';

// 好的宣告方式 ，程式易讀
const items = getItems();
const goSportsTeam = true;
const dragonball = 'z';

x = 10; // 沒有使用 var, let 或 const 關鍵字宣告變數
y; // 沒有指定初始值
z = 'hello' // 沒有使用分號結尾
```

```
const a = 1;
a = 2; // 使用 const 關鍵字宣告後，不可再重新賦值
let b = 3;
console.log(B); // 大小寫不同，但 JS 區分大小寫，會產生錯誤
```

- python

```
a = 1
print(a)
b = 2
print(b)
c = a + b
print(c)

age = 25
name = 'John'
isStudent = True
favFruits = ['apple', 'banana', 'orange']
person = {
  'name': 'Amy',
  'age': 30,
  'isMarried': False
}

print(name)
print(age)
print(isStudent)
print(favFruits)
print(person)

# 好的宣告方式，程式易讀
items = getItems()
goSportsTeam = True
dragonball = 'z'

b = 3
#print(B) # 大小寫不同，但 Python 區分大小寫，會產生錯誤
```

5.7　變數命名規則

解釋　變數命名規則

ChatGPT：在 Python 中，變數命名需要遵守一定的規則，包括以下幾點：

- 變數名稱只能包含字母、數字和底線（_），不能以數字開頭。

- 變數名稱是區分大小寫的，因此變數名稱的大小寫需保持一致。

- 變數名稱不能使用 Python 的保留字，例如 if、for、while、def 等。

- 變數名稱應盡量使用有意義的名稱，且不能使用單個的下劃線（_），因為在 Python 中，單個下劃線通常用來表示一個變數是私有的。

以下是一些 Python 命名變數的例子：

```
name = 'John'
age = 30
is_student = True
fav_fruits = ['apple', 'banana', 'orange']
person_info = {
  'name': 'Amy',
  'age': 25,
  'is_married': False
}
```

在 JS 中呢？

ChatGPT：在 JavaScript 中，變數命名也需要遵守一定的規則，包括以下幾點：

- 變數名稱只能包含字母、數字和下劃線（_），不能以數字開頭。

- 變數名稱是區分大小寫的，因此變數名稱的大小寫需保持一致。

- 變數名稱不能使用 JavaScript 的保留字，例如 if、for、while、function 等。

- 變數名稱應盡量使用有意義的名稱，且不能使用單個的下劃線（ _ ），因為在 JavaScript 中，單個下劃線通常用來表示一個變數是私有的。

以下是一些 JavaScript 命名變數的例子：

```
let name = 'John';
let age = 30;
let isStudent = true;
let favFruits = ['apple', 'banana', 'orange'];
let personInfo = {
  name: 'Amy',
  age: 25,
  isMarried: false
};
```

在上述例子中，變數名稱都是由小寫字母和大寫字母組成的，使用大寫字母來區分單詞，並且變數名稱都是有意義的，易於理解。值得注意的是，在 JavaScript 中，變數名稱也可以使用駝峰式命名法（camelCase），例如：firstName、lastName。這種命名法在 JavaScript 中非常常見。

筆者補充

有關變數的命名，是一門顯學，探討這件事的文章非常的多，每個人的説法都各有千秋，目前比較主流的慣例就是駝峰命名法，在講解何謂駝峰命名法之前，筆者兩個經驗先分享：

- 不要取連自已都容易拚錯的字。

- 盡量一看就懂。

不要取連自已都容易拚錯的字

有時候，不知道是為了賣弄文采，還是為了吊吊書袋，很常見到會有人的變數命名了一些不常見的單字，或者是該説，台灣人比較不熟悉的單字，但會在國外的開源專案裡看到的單字，就會有台灣人會去用它來做命名，然後程式寫到一半，出現奇怪的 bug 找不到，很多時候僅是因為自已拼錯。

盡量一看就懂

變數名稱盡量一看就懂，不要寫一些很奇怪反向名稱，譬如 cat，有人會取 notDog，當然這個舉例是有點誇張，但類似的命名，還真的屢見不鮮。

駝峰命名法 Camel-Case

變數名或函式名稱只有一個單字時，都小寫；如果超過 2 個單字時，第一個單字小寫，第二個單字之後，首字母大寫。

例如：

```
let name;
let myName;
let myNickName;
```

就是這麼簡單，增加了程式的識別性與可讀性，也成為目前約定俗成的慣例。

附帶一提，目前常數命名的約定俗成：

```
const PI; // 大寫
const MY_NAME; // 如果有 2 個以上的單字，就用 _ 來連接
const MyName; // 首字母大寫連接起來
```

以上兩種都很常見，看自已喜好，筆者是傾向第一種。

變數命名規則練習

將下列內容輸入：

```
let numberOfStudents;
var numberOfLegs;
function setBackgroundColor();
class Student{};
const NAMES_LIKE_THIS='Hello';
```

試著自已練習取變數名稱。

例如：

```
// 桌子
// 椅子
// 沙發
```

可以將你現在房間內所有物品都試著命名試試，並賦予值後印出。

例如：

不變的門牌號碼。

```
const HouseNumber = 118;

const HOUSE_NUMBER = 118;
```

會變的今天氣溫，原子筆數量。

```
var temperature =28;
console.log(temperature);
let numberOfPens = 5;
console.log(numberOfPens);
```

等等越多越好。

詠唱練習

> 扮演一位 JS 程式專家，幫我定義下列變數或函示名稱：

現在、時間鞋子尺寸

ChatGPT：以下是變數名稱的定義：

1. 現在時間：用來儲存當前時間的變數。例如：

```
const now = new Date();
```

2. 鞋子尺寸：用來儲存鞋子尺寸的變數。例如：

```
const shoeSize = 8.5;
```

小結

　　光從上面詢問 ChatGPT 所產生的範例 code，就有發現說，不同的程式語言生態圈，有不同的變數命名文化。JS 開發者喜歡用駝峰命名法 Camel-Case，Python 則否。這沒有什麼誰對誰錯。反正以後都是 ChatGPT 寫的 code，看得懂就好了。

5.8　資料型別 Data Type

扮演一位程式專家。

解釋　資料型別。

ChatGPT：資料型別是指在程式語言中，用來描述數值、字元、文字、布林值等數據的類型。

程式語言中常用的資料型別有整數、浮點數、字元、字串、布林值等。

- 整數。整數是最基本的資料型別之一，用來表示整數值，例如 1、2、3、100 等。在程式語言中，整數的資料型別通常使用 int 表示。

- 浮點數。浮點數用來表示帶有小數點的數值，例如 3.14、0.5、1.0 等。在程式語言中，浮點數的資料型別通常使用 float 或 double 表示。

- 字元用來表示單個字母、數字或符號，例如 'A'、'B'、'1'、'2' 等。在程式語言中，字元的資料型別通常使用 char 表示。

- 字串則用來表示一系列的字元，例如 "Hello, World!"、"123456" 等。在程式語言中，字串的資料型別通常使用 string 表示。

- 布林值用來表示真或假，例如 True 或 False。在程式語言中，布林值的資料型別通常使用 bool 表示。

　　總結來說，資料型別是程式設計中非常基礎的概念，對於寫出正確、高效的程式非常重要。

　　扮演一位 JavaScript 專家。

　　解釋　資料型別。

ChatGPT：

1. 字串（String）：用來表示文字，使用單引號或雙引號括起來，例如："Hello, World!"。

2. 數字（Number）：用來表示數值，包括整數和浮點數（小數），例如：42、3.14。

3. 布林（Boolean）：用來表示真或假的值，只有兩種可能：true 或 false。

4. 陣列（Array）：用來儲存一組有序的值，可以是任何資料型別，例如：[1, 2, 3]。

5. 物件（Object）：用來儲存一組鍵值對（key-value pairs）的集合，可以是任何資料型別，例如：{name: "John", age: 30}。

6. Null：用來表示空值。

7. Undefined：用來表示未定義的值。

　　除了這些基本的資料型別之外，JavaScript 還有一些特殊的資料型別，例如：Symbol 和 BigInt。此外，JavaScript 還支援動態型別（Dynamic Typing），這意味著變數的資料型別可以在運行時改變。

　　扮演一位 python 專家。

　　解釋　資料型別。

ChatGPT： 在 Python 中，資料型別是指變數或常數儲存的數據的類型，它可以是內建的資料型別或使用者自定義的資料型別。

Python 中的內建資料型別包括以下幾種：

- 整數（int）：代表整數值，例如 1、2、3 等。

- 浮點數（float）：代表帶有小數點的數值，例如 1.5、3.14159 等。

- 字串（string）：代表文本數據，用單引號或雙引號括起來。

- 布林（boolean）：代表 true 或 false 兩個值。

- 列表（list）：是一種可變的序列，用中括號括起來，元素之間用逗號分隔。

- 元組（tuple）：是一種不可變的序列，用圓括號括起來，元素之間用逗號分隔。

- 集合（set）：是一種無序的、不重複的元素集合，用大括號括起來，元素之間用逗號分隔。

- 字典（dictionary）：是一種鍵值對的結構，用大括號括起來，每個鍵值對之間用冒號分隔，鍵值對之間用逗號分隔。

以下是一些 Python 資料型別的例子：

```
name = 'John'  # 字串
age = 30  # 整數
is_student = True  # 布林
fav_fruits = ['apple', 'banana', 'orange']  # 列表
person = {'name': 'Amy', 'age': 25, 'is_married': False}  # 字典
```

除了上述的內建資料型別外，Python 還支援使用者自定義資料型別，包括類別、函數、模組等。

在 Python 中，了解不同的資料型別是非常重要的，因為它們影響變數儲存的數據、可執行的操作、以及如何處理資料等。同時，Python 還支援動態型別，也就是在運行時可以根據需要改變變數的資料型別，這也是 Python 語言的一個特點。

扮演一位程式專家

解釋　常聽到 JS、python 是弱型別語言，那什麼是資料型別，什麼又叫弱型別，那有強型別嗎？

ChatGPT：作為一位程式專家，我可以解釋一下這些概念。

資料型別是指變數所儲存的資料的類型，例如數字、字串、布林值等。在 JavaScript 中，常見的資料型別有：

- Number：表示數字，例如 1、2.5、-10 等。

- String：表示文字，例如 "Hello world"、'JavaScript' 等。

- Boolean：表示布林值，即 true 或 false。

此外，還有一些其他的資料型別，如 undefined、null、Object、Array 等，這些在後面的學習中會逐漸介紹。

弱型別（Weakly Typed）是指變數的資料型別可以在運行時自動轉換，例如：

```
var num = 1;
var str = "2";
console.log(num + str); // "12"
```

在這個例子中，變數 num 是一個數字，變數 str 是一個字串，但是在 console.log() 中，它們被自動轉換成了字串，因此結果是 "12"。

相對的，強型別（Strongly Typed）是指變數的資料型別在定義時就已經固定，不能自動轉換。例如：

```
int num = 1;
String str = "2";
System.out.println(num + str); // 編譯錯誤
```

在這個例子中，變數 num 是一個整數，變數 str 是一個字串，它們不能直接相加，因為它們的資料型別不同，會造成編譯錯誤。

　　總結來說，JavaScript 是一種弱型別語言，因為變數的資料型別可以自動轉換，而強型別語言則不允許這種自動轉換。

筆者補充

　　資料型別、資料類型、資料型態，指的是用來解釋資料的類型，而所謂強型別語言，就是變數一旦被宣告為一種資料型態後，就不能再轉換另一種資料型態。

　　以前述箱子為例，當該箱子被宣告，只能裝水果時，它就只能換裝西瓜、鳳梨、芭樂，但就不能裝蔬菜或大米什麼的了，這就是強型別；那弱型別，當然就是不管一開始被宣告裝了什麼，都可以再換成別的種類，這就是弱型別，也稱作動態型別。

- javascript

```javascript
let a = 1; // a 一開始被宣告為數字
a = `字`; // 變成字串
a = true; // 變成布林值
```

JS 的原始資料型別：

- Boolean 布林
- Null 空值
- Undefined 未定義
- Number 數字
- String 字串
- Object 物件

Python 基礎資料型別：

- bool 布林
- None 空值
- int 整數
- float 浮點數
- str 字串

宣告方式：

- javascript

```
let a = true; // boolean 真值
let b = false; // boolean 假值
let c = null // null 空值
let d ; //Undefined 未定義
let e = 123.567; //Number 數字
let f = `字` ; //String 字串
let g = {}; //Object 物件
```

- Python

```
a = True  # bool 布林
b = False  # bool 布林
c = None  # None 空值
d = 123  # int 整數
e = 123.567  # float 浮點數
g = "word"  # str 字串
```

檢查型別：

- javascript

```
typeof(a); //boolean 會回傳資料型別
```

- Python

```
type(a)  # <class 'bool'> 會回傳資料型別
```

字串的宣告方式

- javascript

```
let text= "word"; //"" 舊的宣告方式
const NAME ='Peter';//'' 舊的宣告方式
let s = `hello`;//`` 新的宣告方式
```

前 2 個都是舊的宣告方式,第 3 個是 es5 後的宣告方式,可以作字串的格式化等,好處多多,建議字串的宣告都改用第 3 個,不過前 2 個還是很常會看到,所以都要知道。

- Python

```
text = "word"  \
NAME = 'Peter'
```

資料形別練習

- javascript

請將下列變數輸入並用 console.log 印出值及用 typeof 印出資料形別。

例如:

```
let a = 1;
console.log(a,typeof a);
const aString = ' 你好 ';
const bString = 'Hello';
const a = 'cat'.charAt(1) ;  //  'a'
const b = 'cat'[1] ;  // 'a'
const aString = 'It\'s ok';
const bString = 'This is a blackslash \\';
const aString = `hello world`;
const aString = `hello!

world!`;
const intValue = 123;
const floatValue = 10.01;
const negValue= -5.5;
//2 進位
const FLT_SIGNBIT  = 0b10000000000000000000000000000000 ;
const FLT_MANTISSA = 0B00000000001111111111111111111111 ;
//8 進位
const n = 0o755; // 493
const m = 0o644; // 420
//16 進位
```

```
const x = 0xFF;
const y = 0xAA33BCv
//boolean
const a = true;
const b = false;
```

- python

請將下列變數輸入並用 print 印出值及用 type 印出資料形別。

```
aString = ' 你好 '
bString = 'Hello'
a = 'cat'[1]  # 'a'
aString = "It's ok"
bString = 'This is a blackslash \\'
aString = 'hello world'
aString = '''hello!

world!'''
intValue = 123
floatValue = 10.01
negValue = -5.5
# 2 進位
FLT_SIGNBIT = 0b10000000000000000000000000000000
FLT_MANTISSA = 0b00000000001111111111111111111111
# 8 進位
n = 0o755  # 493
m = 0o644  # 420
# 16 進位
x = 0xFF
y = 0xAA33BC
# boolean
a = True
b = False

print(aString, type(aString))
print(bString, type(bString))
print(a, type(a))
print(b, type(b))
print(intValue, type(intValue))
```

```
print(floatValue, type(floatValue))
print(negValue, type(negValue))
print(FLT_SIGNBIT, type(FLT_SIGNBIT))
print(FLT_MANTISSA, type(FLT_MANTISSA))
print(n, type(n))
print(m, type(m))
print(x, type(x))
print(y, type(y))
print(a, type(a))
print(b, type(b))
```

小結

　　一樣，資料型別在不同的程式語言，也有自己程式語言獨有的特性。這些不同，在以前也是很困擾著開發者。再加上強型別、弱型別，更多程式語言就是天差地別的不同，但 ChatGPT 之後，只要你看得懂程式語言的結構，再來看不懂就問 ChatGPT 吧。

5.9 陣列 Array 與列表 LIST

　　解釋 JS 的陣列 Array 及 python 的列表 List 的相同之處。

　　ChatGPT：一種有序的集合，可以存儲多個元素，這些元素可以是數字、字串、物件等等。並且都支持索引操作。這意味著你可以通過索引值來訪問集合中的元素，並對它們進行讀取、修改或者刪除等操作。此外，它們都支持迭代操作，可以使用 for 循環來遍歷整個集合。

　　陣列這個資料型別，在 JS 開發生態圈中，相當常見，有相當大的倚重。

JS 陣列的宣告方式

```
let person = [`Peter`, 23 , true];
```

　　陣列可以儲存一系列的值。

陣列可以使用索引來訪問它的元素。什麼是索引？就是陣列中每個元素的位置，從 0 開始，依次遞增。使用索引來訪問元素，讓我們可以更快速方便地操作陣列，如查找特定元素、新增、刪除、修改等等。

```
person[0]; // 陣列的取用方式是 zero base ，所以是 'Peter'
```

zero-base 的意思，就是以 0 作為第 b1 個索引值，在程式語言中，大部份都是 zero-base。

當然陣列裡面也可以再存陣列。

```
let ary = [1,[2,3]];
ary[1][0]; // 2
```

在 JS 裡，沒有定義的陣列位置，也可以再塞值進去，這跟很多語言不一樣。

```
let ary = [`hello`]

ary; //['hello']
ary[2]=`world`;
ary; //['hello', empty, 'world']
```

陣列的用途廣泛，目前還看不出它的好處，但日後寫程式會很常用到。

JS 陣列練習

將下列內容輸入並用 console.log 印出。

```
const aArray = [];
const bArray = [1, 2, 3];
aArray[0] = 1;
aArray[1] = 2;
aArray[2] = 3;
aArray[2] = 5;
```

多維陣列。

```
const magicMatrix = [
    [2, 9, 4],
    [7, 5, 3],
    [6, 1, 8]
];
```

儲存多種資料類型。

```
var arr = [1, '1', undefined, true, 'true'];
// 拷貝 (copy) 陣列
const aArray = [1, 2, 3];
const bArray = aArray;

aArray[0] = 100;
console.log(bArray); // 兩個陣列的值都會跟著動，因為其實指向同一個
const aArray = [1, 2, 3];
const copyArray = [...aArray]; // 真正複制出另一個出來
```

Python 的列表 list 的宣告方式

```
person = ['Peter', 23, True]
```

在 Python 中，同樣可以使用索引來存取 list 中的元素，也是以 0 為第一個索引值。例如：

```
person[0]  # 'Peter'
```

Python 的 list 也支援巢狀的 list，可以在 list 中儲存其他的 list，例如：

```
ary = [1, [2, 3]]
ary[1][0]  # 2
```

不同於 JS，在 Python 的 list 中，必須先指定元素的位置才能儲存值。如果直接使用未定義的位置儲存值，會產生 IndexError 的錯誤。例如：

```
ary = ['hello']
ary[2] = 'world'  # IndexError: list assignment index out of range
```

如果要新增元素到 list 的末端，可以使用 append() 方法，例如：

```
ary = ['hello']
ary.append('world')
ary  # ['hello', 'world']
```

總結來說，Python 的 list 和 JS 的 array 有些微的差異，但是概念相似，都是可以儲存一系列的值，可以使用索引來訪問元素，可以儲存巢狀的結構。

Python 列表練習

將下列內容輸入並用 print 印出。

```
aList = []
bList = [1, 2, 3]
aList.append(1)
aList.append(2)
aList.append(3)
aList[2] = 5
```

多維列表。

```
magicMatrix = [
    [2, 9, 4],
    [7, 5, 3],
    [6, 1, 8]
]
```

儲存多種資料類型。

```
arr = [1, '1', None, True, 'true']
# 拷貝 (copy) 列表
aList = [1, 2, 3]
bList = aList.copy()

aList[0] = 100
print(bList) # 兩個列表的值都不會跟著動，因為已經複製出另一個列表
```

小結

　　每一種程式語言有每一種程式語言的特性，像是 JS 的 array 陣列或是 python 的 LIST 列表，訴求的都是相同的特性，語法也相近，但偏偏使用上又有很多不同，這就會造成程式設計師在切換程式語言寫程式的錯亂。

　　不過 ChatGPT 出現之後，我們只要對一種程式語言較為熟悉。其他不懂的部分就請 ChatGPT，去幫我比較說明即可、去撰寫不熟悉的程式語言。

　　在不同的程式語言之間快速的切換，這在以前屬於天才程式設計師才能做得到的事情，現在，只要稍微熟練一些的程式設計師都可以輕易藉由 ChatGPT 做到了。

5.10　運算式＆運算子

　　解釋　何謂運算式＆運算子。

　　ChatGPT：在計算機科學中，運算式（Expression）是由操作符和操作數所構成的式子，它可以被計算為一個值。而操作符又稱為運算子（Operator），是用來對一個或多個操作數執行某種操作的符號或關鍵字。

　　舉例來說，下面這些都是運算式：

```
1 + 2
2 * 3
x = 5
a == b
```

　　在這些運算式中，+、*、=、== 等符號就是運算子，而 1、2、3、x、a 和 b 則是操作數。

　　運算式可以包含變數、字面量、函數等等，可以透過運算子將這些東西組合起來進行各種運算和操作。例如，在 1 + 2 這個運算式中，1 和 2 都是操作數，+ 是運算子，該運算子會將這兩個操作數相加，得到結果 3。

在編程中，運算式非常常見，它們可以用來進行數學運算、邏輯運算、比較運算等等，也可以用來設置變數的值。

要成為運算式至少會有一個 = 的符號

主要有兩種：

1. 用來指派值：

- javascript：

```
let a = 1; //a 被指定為 1
```

- python：

```
a = 1  # a 被指定為 1
```

2. 包含運算子的運算式：

- javascript：

```
let ans = 2 * 3;
```

- python：

```
ans = 2 * 3
```

除了第一種直接派值之外，其餘的運算式都會含有至少一個以上運算子。

常用的有：

- 算述運算子

- 字串運算子

- 比較運算子

- 邏輯運算子

說明如下：

算術運算子

- javascript：

名稱	運算子	目的說明	範例	結果
加法	+	兩個數值相加	6+3	9
減法	-	兩個數值相減	6-3	3
乘法	*	兩個數值相乘	6*3	18
除法	/	兩個數值相除	6/3	2
遞增	++	目前值加 1	let i=6;i++;	7
遞減	–	目前值減 1	let i=6;i–;	5
取餘數	%	兩個數值相除後回傳餘數	6 % 3	0

Python 的算術運算子和 JavaScript 的用法大致相同，不同之處在於除法運算的結果，Python 中的 / 運算符在兩個整數相除時會得到浮點數，如果要取得整數商，可以使用 // 運算符。另外，Python 中還有遞增和遞減的簡寫方式，可以使用 += 和 -= 運算符。

- python：

名稱	運算子	目的說明	範例	結果
除法	/	兩個數值相除	6/3	2.0
遞增	+=	目前值加 1	let i=6;i+=1;	7
遞減	-=	目前值減 1	let i=6;i-=1;	5

字串運算子

用於連接兩邊的字串資料。

- javascript 有 ** ' ' " " `` 等撰寫方式。

```
let n = ' 這是 ' + ' 字串 ';

// 也可以連接變數：
let n = ' 彼德 ';
console.log(' 我是 ' + n );

// 不過在 `` 問世之後，都被改成：
let n = ' 彼德 ';
console.log(` 我是 ${ n }`);
// 字串的格式化較為直覺且易讀。
```

- python 用 ' 。

```
n = ' 這是 ' + ' 字串 '

# 也可以連接變數
n = ' 彼德 '
print(' 我是 ' + n)

# 在 f-string 出現之後，常使用如下方式：
n = ' 彼德 '
print(f' 我是 {n}')
# 字串的格式化較為直覺且易讀。
```

至於比較運算子、邏輯運算子會在決策與迴圈章節再做說明。

運算式＆運算子練習

試著計算下列數學題目並印出答案。

例如：

一雙襪子有 2 隻，5 雙共有幾隻襪子？

- javascript

```
let socks = 2 ;
let ans = 2 * 5;
console.log(ans);
```

■ python

```
socks = 2
ans = 2 * 5
print(ans)
```

題目：

■ 某家餐廳每份義大利麵售價為 98 元，如果一桌人共點了 5 份義大利麵，要付多少錢？

■ 小明家有 6 隻寵物，其中 3 隻是貓，其餘是狗，他家有幾隻狗？

■ 一個圓形餅乾的直徑為 8 公分，面積是多少平方公分？ 如果每個人都需要 2 個蘋果，現在有 14 個蘋果，可以供應多少人？

■ 某公司共有 200 名員工，其中男性佔了 1/4，女性佔了多少人？

■ 如果 10 個柳丁重 1.2 公斤，那麼 6 個柳丁重多少公斤？

■ 一家餐廳共有 15 張桌子，每張桌子可以坐 6 人，如果今天有 120 個客人，需要開幾張桌子？

■ 一桶水有 3 公升，如果要倒進一個桶容量為 15 公升的水壺中，需要倒幾次？

■ 小明家有 10 本漫畫書，他借出去 3 本，還剩下幾本？ 某商店的打折活動是原價的 7 折，如果某件商品原價為 240 元，打折後要付多少錢？

■ 一條長方形泳池長 12 公尺、寬 6 公尺，深度為 1.5 公尺，裡面有多少立方公尺的水？

■ 一隻蝸牛爬行速度為每小時 0.5 公里，如果要爬行 5 公里，需要多少小時？

■ 一本書有 200 頁，如果每天讀 20 頁，需要多少天才能讀完？

■ 某班級共有 30 個學生，其中 15 個是男生，男生佔全班的多少百分比？

■ 某家餐廳一個晚餐套餐包括主菜、配菜和飲料，售價為 168 元，如果今天有 10 位客人點了套餐，一共收入多少錢？

詠唱練習

扮演一位 JS 程式專家，幫我將最下面的題目列出程式。例如：一雙襪子有 2 隻，5 雙共有幾隻襪子？

小結

每一種程式語言有每一種程式語言的特性，對，像是 python 和 JS 的運算式＆運算子語法如此相近，屬性卻有些不同，就是這一點不同，也可能會讓對於兩種語言都熟悉的程式工程師在切換撰寫不同語言時，一時不察犯下一點小錯誤。例如：除法運算結束後，python 和 JS 得到的資料型別不同，這也可能導致程式未來的 bug。所以在以前，在人力分配上，通常是不會讓一位程式設計師，在一個工作區段內，可能兩三個月吧，去撰寫不同的程式語言，不管語法再相近，都可能會增加在未來產生未知 bug 的機率。不過現在呢，利用和 ChatGPT 互動，以熟悉的程式語言當底，可以較為放心的去實作這件事了。

6 程式學習篇：函式方法與物件

6.1 開發環境

- chrome 瀏覽器內建的主控台 console。

- online python editor。

6.2 學習目標／演練成果

理解函式及物件。

6.3 函式

解釋　函式

ChatGPT：在程式設計中，函式是一段可重複使用的程式碼區塊，可以接受輸入值、進行處理，並回傳結果。使用函式可以讓程式碼更加模組化和可讀性更高，也可以減少重複的程式碼。

宣告及呼叫

javascript

這邊可先利用 chrome 的 console 來做練習。

- 傳統函式宣告。

```
function sayHello() { //sayHello 就是函式的名稱
    return `hello`;
```

```
};
const sayHello = function(){
    return `hello`;
};
```

return 就是將後面的值傳出去，也就是回傳值，當然你也可以不 return 值出去。

■ 箭頭函式宣告。

```
let sayHello = ()=>{
      return `hello`;
};
```

es5 版之後，增加了箭頭函式，也可作為函式的宣告。

從此函式的宣告，你可以選擇省略掉 function 這個關鍵字，使程式碼上看起來像是變數的宣告方式，進而增加了程式的易讀性。

■ 箭頭函式宣告可以省略掉 { } 跟 return

```
let sayHello = ()=> `hello`;
```

{ 直接接著 return ，還可以再省略掉 return 跟 { }，依舊可以將值傳出去，不過初學可能會有點混亂，先能看懂這個就好；等程式碼更熟悉了之後，再做這樣子的撰寫。是認真講的，先不要裝會，看過太多這樣的 bug。不過本書大部份的範例還是會使用箭頭函式，因為比較美觀易讀。

■ 回傳值：任何的資料型態都是可以作為回傳值的。

```
let getFunction = ()=>{
  return ()=>{console.log(`我是函式`)};
};
getFunction()(); // 呼叫 getFunction() 後，拿到一個函式，所以必需再呼叫 () 去執行它，看起來
有點怪怪的，但在 JS 語法裡，這沒有錯。
```

- 呼叫函式。

```
let text = sayHello();

console.log(text);  // text = `hello`;
```

函式宣告完成之後，就可以直接呼叫了。

- 函式帶參數的宣告。

以攝式華式換算為例：

```
// 傳統
function getF(c){ //c 就是 getF 的參數
        return c * 9 / 5 + 32; // 可以直接引用 c
};



function getC(f){
        return (f -32) * 5 / 9 ;
};

// 新式
let getF = (c)=> c * 9 / 5 + 32;

let getC = (f)=> (f -32) * 5 / 9;
```

- 呼叫函式。

```
getC(212); // 100

getF(0); // 32
```

這裡就可以看出將程式碼包成函式的好處之一，就是減少程式碼的撰寫。

指定預設值的函式宣告 es6 之後，可以加上參數預設值。

```
let getF = (c=0)=> c * 9 / 5 + 32; //es6
getF(); // 32
```

也可直接用⋯將所有參數轉成陣列。

```
let getPlus = (...p)=>{ // 參數變成一串陣列
  return p.reduce(
    (a,b)=>{
      return a + b
    }
  )
}

getPlus(1,2,3,4); //10
```

reduce 是陣列物件的內建函式，後面會再講到 reduce。這裡先寫出來，是因為通常用⋯這個來作函式的參數時，裡面會用陣列物件的內建函式來做程式的撰寫。

Python

Python 中函式的宣告與呼叫方式如下：

■ 傳統函式宣告。

```
def sayHello(): # sayHello 就是函式的名稱
    return 'hello'
```

■ lambda 函式宣告 Python 中的 lambda 函式可以簡化函式的宣告方式，通常用在一次性的小函式中。

```
sayHello = lambda: 'hello'
```

■ 呼叫函式。

```
text = sayHello()
print(text) # text = 'hello'
```

■ 函式帶參數的宣告。

```
# 傳統
def getF(c): # c 就是 getF 的參數
    return c * 9 / 5 + 32 # 可以直接引用 c
```

```python
def getC(f):
    return (f - 32) * 5 / 9

# 新式
getF = lambda c: c * 9 / 5 + 32
getC = lambda f: (f - 32) * 5 / 9
```

- 呼叫函式。

```python
getC(212) # 100.0
getF(0) # 32.0
```

這裡可以看出將程式碼包成函式的好處之一，就是減少程式碼的撰寫。

- 指定預設值的函式宣告。

```python
def getF(c=0): # c 的預設值為 0
    return c * 9 / 5 + 32

getF() # 32.0
```

- 也可使用 *args 將所有參數轉成 tuple 或使用 **kwargs 將所有關鍵字參數轉成 dict。

```python
def getPlus(*p): # 參數變成一個 tuple
    return sum(p)

getPlus(1,2,3,4) # 10
```

函式練習

- javascript

在 chrome console 輸入下列內容並印出值 ps: chrome console 的換行是 Ctrl + Enter。

```javascript
const addOne = function(value){
    return value + 1
}
```

```javascript
const addOneAndTwo = function(value, fn){
    return fn(value) + 2
}
 const addOne = function(value){
   return value + 1
}

const addOneAndTwo = function(value, fn){
    return fn(value) + 2
}

addOneAndTwo(10, addOne)
function sum() {
  return arguments[0]+arguments[1]
}

console.log(sum(1, 100))
function sum(x, y, z) {
  return x+y+z
}

console.log(sum(1, 2, 3))
console.log(sum(1, 2))
console.log(sum(1, 2, 3, 4))
console.log(sum('1', '2', '3'))
console.log(sum('1', '2'))
console.log(sum('1', '2', '3', '4'))
function sum(...value) {
    let total = 0
    for (let i = 0 ; i< value.length; i++){
        total += value[i]
    }
    return total
}


// 上面 console.log 的內容 再打一次試試
function addOuter(a, b) {
```

```
    function addInner() {
        return a + b
    }

    return addInner()
}

addOuter(1, 2)
function addOuter(a, b) {
    return addInner(a, b)
}

function addInner(a, b) {
    return a + b
}

addOuter(1, 2)

// 匿名函式
(function(){
    console.log('IIFE test1')
}())

function test2(){
    (function(){
        console.log('IIFE test2')
    }())
}

test2()

// 將上述改成箭頭函式 再實作一次
```

- python

```
def addOne(value):
    return value + 1

def addOneAndTwo(value, fn):
    return fn(value) + 2
```

```
addOneAndTwo(10, addOne)

def sum(*value):
    total = 0
    for i in range(len(value)):
        total += value[i]
    return total

print(sum(1, 100))

def sum(x, y, z=0):
    return x + y + z

print(sum(1, 2, 3))
print(sum(1, 2))
print(sum(1, 2, 3, 4))  # TypeError: sum() takes from 2 to 3 positional arguments but
4 were given
print(sum('1', '2', '3'))  # TypeError: unsupported operand type(s) for +: 'int' and
'str'
print(sum('1', '2'))       # TypeError: unsupported operand type(s) for +: 'int' and
'str'
print(sum('1', '2', '3', '4'))  # TypeError: unsupported operand type(s) for +: 'int'
and 'str'

def addOuter(a, b):
    def addInner():
        return a + b
    return addInner()

addOuter(1, 2)

def addOuter(a, b):
    return addInner(a, b)

def addInner(a, b):
    return a + b

addOuter(1, 2)
```

```
(lambda: print('IIFE test1'))()

def test2():
    (lambda: print('IIFE test2'))()

test2()

# 將上述改成 lambda 再實作一次

addOne = lambda value: value + 1

addOneAndTwo = lambda value, fn: fn(value) + 2

print(addOneAndTwo(10, addOne))

sum = lambda *value: sum(value) if len(value) > 1 else value[0] if len(value) == 1
else 0

print(sum(1, 100))
print(sum(1, 2, 3))
print(sum(1, 2))
print(sum(1, 2, 3, 4))
# print(sum('1', '2', '3'))  # TypeError: unsupported operand type(s) for +: 'int' and
'str'
# print(sum('1', '2'))      # TypeError: unsupported operand type(s) for +: 'int' and
'str'
# print(sum('1', '2', '3', '4'))  # TypeError: unsupported operand type(s) for +:
'int' and 'str'

addOuter = lambda a, b: (lambda: a + b)()

print(addOuter(1, 2))

addOuter = lambda a, b: addInner(a, b)

addInner = lambda a, b: a + b

print(addOuter(1, 2))
```

```
(lambda: print('IIFE test1'))()

test2 = lambda: (lambda: print('IIFE test2'))()

test2()
```

詠唱練習

請將下列 js 程式轉換成 go，rudy，c，php 等程式語言 let getF = (c)=> c * 9 / 5 + 32;。

小結

每一種程式語言有每一種程式語言的特性，函式的使用方法大同小異，但在不同的語言裡就有不同語言的使用特性。

6.4 變數作用範圍 / 變數作用域 scope

解釋　js 變數作用範圍。

ChatGPT：JavaScript 中變數的作用範圍可以分為全域範圍和區域範圍。

全域範圍：指在程式中未在函數中聲明的變數，其作用範圍為整個程式。全域範圍的變數可以在整個程式中被訪問和修改。

區域範圍：指在函數中聲明的變數，其作用範圍僅限於函數內部。區域範圍的變數只能在聲明它的函數內部被訪問和修改，外部無法訪問。同時，區域範圍的變數也不會與全域範圍的變數產生衝突。

在 ES6 之前，JavaScript 中只有全域變數和函數作用範圍。而在 ES6 中引入了 let 和 const 關鍵字，它們創建的變數只在它們被定義的塊內部有效。這種塊級作用範圍可以避免變數提升和命名衝突等問題。

舉例：

JavaScript

以下舉例說明 JavaScript 變數作用範圍：

- 全域變數（Global variable）：在所有函數外部定義的變數，可以在整個程式中任何位置被訪問。

```
let globalVariable = "I'm global";

function myFunction() {
  console.log(globalVariable); // 能夠正常顯示 'I'm global'
}

console.log(globalVariable); // 能夠正常顯示 'I'm global'
myFunction(); // 能夠正常顯示 'I'm global'
```

- 區域變數（Local variable）：在函數內部定義的變數，只能在該函數內部被訪問。

```
function myFunction() {
  let localVariable = "I'm local";
  console.log(localVariable); // 能夠正常顯示 'I'm local'
}

myFunction(); // 能夠正常顯示 'I'm local'
console.log(localVariable); // 無法正常顯示，因為 localVariable 是區域變數，只能在
myFunction 函數內被訪問
```

- 區塊變數（Block-scoped variable）：在區塊中定義的變數，只能在該區塊內部被訪問。區塊是以 {} 包圍的程式碼片段，例如 if、for、while 等等。

```
if (true) {
  let blockVariable = "I'm block-scoped";
  console.log(blockVariable); // 能夠正常顯示 'I'm block-scoped'
}

console.log(blockVariable); // 無法正常顯示，因為 blockVariable 是區塊變數，只能在 if
區塊內被訪問
```

Python

Python 中的變數作用範圍可以區分為全域變數和局部變數。

```python
# 全域變數可以在函數內外被訪問和修改
a = 10

def print_a():
    print(a)

def modify_a():
    global a
    a = 20

print_a()    # 10
modify_a()
print_a()    # 20

# 局部變數只能在其所在的區塊中被訪問和修改
def test_func():
    b = 5
    print(b)

test_func() # 5
print(b)     # NameError: name 'b' is not defined
```

函式的變數作用範圍練習

javascript

輸出下列內容並印出值。

```javascript
if (true) {
  var x = 5
}

console.log(x)
if (true) {
  let y = 5
```

```
}

console.log(y)
```

1. 在函式中定義一個變數，並在函式之外印出該變數。請問會發生什麼事情？

```
function myFunction() {
  var x = 5;
}
console.log(x);
```

2. 在函式中定義一個變數，與在函式外定義一個同名變數。請問在函式內部與外部印出該變數時會出現什麼結果？

```
var x = 10;

function myFunction() {
  var x = 5;
  console.log(x);
}

myFunction();
console.log(x);
```

3. 在巢狀函式中定義一個變數，並在外層函式與全域範圍中印出該變數。請問會發生什麼事情？

```
function outerFunction() {
  var x = 10;

  function innerFunction() {
    var y = 5;
    console.log(x);
  }

  innerFunction();
  console.log(y);
```

```
}

outerFunction();
console.log(x);
```

4. 在 for 迴圈中定義一個變數,並在迴圈結束後印出該變數。請問會出現
什麼結果?

```
for (var i = 0; i < 5; i++) {
  var x = i;
}

console.log(x);
```

5. 在 if 敘述中定義一個變數,並在 if 敘述結束後印出該變數。請問會出現
什麼結果?

```
if (true) {
  var x = 5;
}

console.log(x);
```

6. 在一個函式中使用 const 或 let 來定義一個變數,並在函式之外印出該變
數。請問會發生什麼事情?

```
function myFunction() {
  const x = 5;
}
console.log(x);
```

python

```
if True:
    x = 5

print(x)
```

```
if True:
    y = 5

print(y)
```

1. 在函式中定義一個變數，並在函式之外印出該變數。請問會發生什麼事情？

```
def my_function():
    x = 5

my_function()
print(x) # 會產生 NameError，因為 x 變數只存在於 my_function 函式的區域範圍內
```

2. 在函式中定義一個變數，與在函式外定義一個同名變數。請問在函式內部與外部印出該變數時會出現什麼結果？

```
x = 10

def my_function():
    x = 5
    print(x) # 輸出 5

my_function()
print(x) # 輸出 10
```

3. 在巢狀函式中定義一個變數，並在外層函式與全域範圍中印出該變數。請問會發生什麼事情？

```
def outer_function():
    x = 10

    def inner_function():
        y = 5
        print(x) # 輸出 10

    inner_function()
```

```
    print(y) # 會產生 NameError，因為 y 變數只存在於 inner_function 函式的區域範圍內

outer_function()
print(x) # 會產生 NameError，因為 x 變數只存在於 outer_function 函式的區域範圍內
```

4. 在 for 迴圈中定義一個變數，並在迴圈結束後印出該變數。請問會出現什麼結果？

```
for i in range(5):
    x = i

print(x) # 輸出 4，因為 i 的最後一個值是 4，所以 x 的值也是 4
```

5. 在 if 敘述中定義一個變數，並在 if 敘述結束後印出該變數。請問會出現什麼結果？

```
if True:
    x = 5

print(x) # 輸出 5，因為 x 是在全域範圍內定義的，所以可以在 if 敘述之外存取
```

小結

變數作用範圍是初學程式很容易犯的錯誤，而每一種程式語言，有自己變數作用範圍的特性。像這裡 python 就沒有 js 裡像是 if for while 這種區塊變數（Block-scoped variable）的作用範圍。

6.5 物件

解釋　物件。

ChatGPT：物件是一種複合資料類型，可以在程式中被用來組織和存儲資料。它由一系列的鍵 - 值對組成，每個鍵 - 值對都對應著一個屬性和其值。這些屬性可以是任何有效的 JavaScript 值，包括基本型別（如數字、字串、布林值）、陣列和其他物件。物件可以被用來代表現實世界的任何事物，例如人、車、動物、圖書等等。

宣告

JavaScript

- 使用物件實字（Object Literal）語法：

```
const obj = {
  property1: 'value1',
  property2: 'value2'
};
```

這種方式會建立一個新的物件並賦予初始值，屬性和值可以自由定義。

- 使用建構函式（Constructor Function）：

```
function Person(name, age) {
  this.name = name;
  this.age = age;
}


const person1 = new Person('John', 30);
```

這種方式會建立一個新的物件，並使用建構函式為其設定屬性和初始值。

- 使用類別（Class）：

```
class Person {
  constructor(name, age) {
    this.name = name;
    this.age = age;
  }
}


const person1 = new Person('John', 30);
```

這種方式會建立一個新的物件，並使用類別為其設定屬性和初始值。

Python

- 使用字典（Dictionary）語法：

```
obj = {
  'property1': 'value1',
  'property2': 'value2'
}
```

　　這種方式會建立一個新的字典並賦予初始值，鍵（key）和值（value）可以自由定義。

- 定義類別（Class）：

```
class Person:
    def __init__(self, name, age):
        self.name = name
        self.age = age

person1 = Person('John', 30)
```

　　這種方式會建立一個新的物件，並使用類別的建構函式（init）為其設定屬性和初始值。

6.6 物件與類別

　　解釋　類別。

　　ChatGPT：類別是面向物件編程（Object-Oriented Programming, OOP）的基礎概念之一，它可以看做是一種對現實中的物件（Object）或概念的抽象，是一種把屬性和方法（Method）封裝在一起的模板或藍圖，用於創建物件的複合數據型別。

　　類別定義了物件的屬性和行為，物件的屬性就是變數，物件的行為就是方法。在 Python 中，可以使用 class 關鍵字定義類別，並在類別中定義屬性和方法。

　　可以將類別視為宣告一個物件的模版，並用此模版來產生各個不同的物件，但會擁有相同的屬性。

類別的宣告方式

javascript

- 使用傳統的建構函式。

```
function Cat(name){
  this.name = name;
  this.run = ()=>{ console.log(`跑步中`)}},
}
```

- 使用類別方式定義的 Cat 。

```
class Cat{
  constructor(name){// 建構函式
    this.name = name;
  }
  run(){ console.log(`跑步中`)}
}
```

- 使用方式

```
let kittyCat = new Cat(`kitty`); // 產生一個叫做 kittyCat 的物件
let pinkyCat = new Cat(`pinky`); // 產生一個叫做 pinkyCat 的物件
```

在 JavaScript 中，new 是用來建立物件的運算子。當使用 new 運算子時，會先建立一個空的物件，然後將這個物件傳遞給一個建構函式，並且在建構函式內部使用 this 關鍵字來指代這個新建立的物件。接著，建構函式可以對這個物件進行初始化，並且可以添加任意的屬性和方法。最後，new 運算子會將這個新建立的物件返回，以便可以將其儲存在變數中，或是直接使用它。

Python

```
class Cat:
    def __init__(self, name):
        self.name = name

    def run(self):
        print('跑步中')
```

- 使用方式

```
kitty_cat = Cat('kitty')  # 產生一個叫做 kitty_cat 的物件
pinky_cat = Cat('pinky')  # 產生一個叫做 pinky_cat 的物件
```

在 Python 中，使用小寫字母和底線來命名物件，因此 kitty_cat 和 pinky_cat 都是合法的變數名稱。另外，Python 的方法必須以 self 作為第一個參數，用來引用物件本身。在執行方法時，也不需要使用括號和句點，只需要像使用一個函式那樣呼叫即可。

小結

js 和 python 的物件宣告和使用也是很相似，但就是因為這樣才會造成開發者錯亂。但以後會看就好了，其他問題就問 ChatGPT。

6.7　物件在實務上的使用

使用方式

javascript

- 比擬為物品。

```
let cat = {
 name : `加非`,
 month:10,
 sex: false
};
```

name，month，sex 通常被稱為屬性或特性。

- 被用來做函式的集成。

```
let excise = {
 run : ()=>{ console.log(`跑步中`)},
 meow:  ()=>{ console.log(`喵喵叫`)},
};
```

當被用作函式的集成時，通常會被包成 module 模組化，例如 node.js 的內建 http 套件。

- 上述兩種都用。

```
let cat = {
 name : `加非`,
 month:10,
 sex: false,
 run : ()=>{ console.log(`跑步中`)},
 meow:  ()=>{ console.log(`喵喵叫`)},
};
```

python

- 比擬為物品。

```
cat = {
  'name': '加非',
  'month': 10,
  'sex': False
}
# 如果要有內建函式，python 要用類別（Class）宣告
class Cat:
    def __init__(self, name, month, sex):
        self.name = name
        self.month = month
        self.sex = sex

    def run(self):
        print('跑步中')

    def meow(self):
        print('喵喵叫')

cat = Cat('加非', 10, False)
```

呼叫方式

javascript

```
cat.name; //` 加非 `
cat.meow(); //` 喵喵叫 `
```

或是像陣列一樣使用 [ ] ，只是裡面要用參數名稱。

```
cat[`month`]; //10
```

- 變更屬性值。

```
cat.name = ` 歐弟 `;
```

- 新增新的屬性。

```
cat.age = 1;
```

- 移除屬性。

```
delete cat.age;
cat.age; // 再呼叫取用就變成 undefined
```

- 取出並複製屬性。

```
let {name , meow} = cat;
name; //` 加非 `
meow(); //` 喵喵叫 `
```

- 簡寫物件屬性宣告。

```
let name = ` 加非 `;
let meow =  ()=>{ console.log(` 喵喵叫 `)};

let cat = { // 直接用變數名稱，宣告物件時，就會直接被代入
   name,
   meow
};
cat.name; //` 加非 `
cat.meow(); //` 喵喵叫 `
```

■ 輸出。

```python
console.log(cat) //{name: ' 加非 ', meow: ƒ}
python
cat.name # ' 加非 '
cat.meow() # ' 喵喵叫 '
```

或是像字典一樣使用 [ ]，只是裡面要用參數名稱：

```python
cat['month'] # 10
```

■ 變更屬性值。

```python
cat.name = ' 歐弟 '
```

■ 新增新的屬性。

```python
cat.age = 1
```

■ 移除屬性。

```python
del cat['age']
cat.age # 抓取不存在的屬性會丟出 AttributeError 錯誤
```

■ 取出並複製屬性。

```python
name = cat['name']
meow = cat['meow']

name # ' 加非 '
meow() # ' 喵喵叫 '
```

■ 簡寫物件屬性宣告。

```python
name = ' 加非 '
def meow():
    print(' 喵喵叫 ')

cat = {
    'name': name,
    'meow': meow
```

```
}

cat['name'] # '加非'
cat['meow']() # '喵喵叫'
```

- 輸出。

```
print(cat) # <__main__.Cat object at 0x7f9baf4416d0>
```

注意在 Python 中，字典和類別是不同的概念，雖然都可以用來表示物件。

物件與類別練習

- python

```
emptyObject = {}

player = {
    "fullName": "Inori",
    "age": 16,
    "gender": "girl",
    "hairColor": "pink"
}

aArray = []
aObject = {}
bArray = ['foo', 'bar']
bObject = {
    "firstKey": "foo",
    "secondKey": "bar"
}

bArray[2] = "yes"
bObject["thirdKey"] = "yes"

print(bArray[2]) # yes
print(bObject["thirdKey"]) # yes

luke = {
    "jedi": True,
```

```python
    "age": 28
}

def getProp(prop):
    return luke[prop]

isJedi = getProp("jedi")

person = {
    "firstName": "John",
    "lastName": "Doe",
    "id": 5566,
    "fullName": lambda: person["firstName"] + " " + person["lastName"]
}

print(emptyObject) # {}
print(player) # {'fullName': 'Inori', 'age': 16, 'gender': 'girl', 'hairColor':
'pink'}
print(aArray) # []
print(aObject) # {}
print(bArray) # ['foo', 'bar', 'yes']
print(bObject) # {'firstKey': 'foo', 'secondKey': 'bar', 'thirdKey': 'yes'}
print(isJedi) # True
print(person["fullName"]()) # John Doe
```

詠唱練習

幫我用 js 生成一個員工的類別。

ChatGPT：以下是使用 JavaScript 創建一個員工類別的範例：

```javascript
class Employee {
  constructor(name, age, position, salary) {
    this.name = name;
    this.age = age;
    this.position = position;
    this.salary = salary;
  }

  getSalary() {
```

```
      return this.salary;
  }

  getPosition() {
    return this.position;
  }

  getInfo() {
    return `Name: ${this.name}, Age: ${this.age}, Position: ${this.position}, Salary:
${this.salary}`;
  }
}

// 產生一個新的員工物件
const john = new Employee("John", 35, "Manager", 50000);

// 取得員工薪水
const johnSalary = john.getSalary();

// 取得員工職位
const johnPosition = john.getPosition();

// 取得員工資訊
const johnInfo = john.getInfo();

console.log(johnSalary); // 50000
console.log(johnPosition); // Manager
console.log(johnInfo); // Name: John, Age: 35, Position: Manager, Salary: 50000
```

在這個範例中，員工類別具有四個屬性：名字、年齡、職位和薪水。它還有三個方法：getSalary() 用於取得員工的薪水，getPosition() 用於取得員工的職位，getInfo() 用於取得員工的所有資訊。使用 new 關鍵字創建新的員工物件時，必須傳遞這四個屬性作為參數。

小結

輸出時，js 的 console.log 會印出物件內容，python 的 print 會印出參照位址。不同的程式有不同的特性要注意。

6.8 全域 / 內建

解釋　全域和內建的相同與不同。

ChatGPT：

- 全域（Global）

全域（Global）指的是在整個程式中都可以被存取和使用的變數、函式或物件。在 JavaScript 中，全域可以包含內建函式（Built-in Function）、全域變數（Global Variable）、全域物件（Global Object）等等。全域可以在任何地方被使用，只要引入相應的庫或模塊，就可以使用全域的相關資源。

- 內建（Built-in）

內建（Built-in）指的是在語言中內建的一些函式和物件。這些內建函式和物件包含在語言的解析器中，所以在任何地方都可以使用，不需要引入其他庫或模塊。

相同點：全域和內建都是可以在整個程式中被存取和使用的。

不同點：全域需要引入庫或模塊才能使用，而內建則不需要。全域可以包含全域變數和全域物件，而內建主要是內建函式和內建物件。

請舉例 js 的內建的變數函式物件。

ChatGPT：

JavaScript

- 變數：
  - ▶ undefined：表示未定義的值。
  - ▶ null：表示空值。
  - ▶ NaN：表示「不是數字」的值。
  - ▶ Infinity：表示正無窮大的值。
  - ▶ Math.PI：表示圓周率 π 的值。

- 函式：

    ▶ parseInt()：將字符串轉換為整數。

    ▶ parseFloat()：將字符串轉換為浮點數。

    ▶ isNaN()：判斷一個值是否為 NaN。

    ▶ isFinite()：判斷一個值是否為有限數。

    ▶ eval()：執行一段字符串代碼。

- 物件：

    ▶ Math：數學相關的工具函式。

    ▶ Date：用於處理日期和時間的物件。

    ▶ Array：用於處理陣列的物件。

    ▶ Object：用於處理物件的物件。

    ▶ JSON：用於處理 JSON 格式的數據的工具物件。

Python

請舉例 python 的內建的變數函式物件。

ChatGPT：

- 變數：

    ▶ True 和 False：布林型別的變數，表示真和假。

    ▶ None：空值的變數，表示沒有值。

    ▶ str：字串型別的變數，表示文字。

    ▶ int：整數型別的變數，表示整數。

    ▶ float：浮點數型別的變數，表示帶有小數點的數字。

- 函式：

    ▶ print()：輸出訊息到螢幕上。

    ▶ input()：從使用者取得輸入值。

- ▶ len()：取得序列物件（如字串、串列等）的長度。

- ▶ str()：將物件轉換為字串。

- ▶ int()：將物件轉換為整數。

- ▶ float()：將物件轉換為浮點數。

■ 物件：

- ▶ list：串列物件，用於存放多個值。

- ▶ tuple：元組物件，類似串列，但是不能被修改。

- ▶ dict：字典物件，用於存放鍵值對。

- ▶ set：集合物件，用於存放唯一值。

筆者補充

上述內建的變數函式物件，幾乎只要是相同的程式語言下，就可以直接呼叫引用。但是全域就不是了，例如在前端 JS，就是 windows , document 等物件，在後端 node.js 環境，則是 process 等。

呼叫這類全域物件，只需要打上變數名稱即可引用呼叫。

```
process.env // 引用環境變數
```

但如果在不對的環境呼叫，就會產生錯誤。例如在前端呼叫 prcoess，雖然都是寫 JS，但就會產生錯誤。

小結

為了避免重工，程式設計師通常會將這個專案裡，比較常用的函式集合成物件，並且輸出成模組，使其他的檔案可以引用，成為全域物件，享受相當於內建的好處。在上述可以發現不同程式語言也會有不同的內建變數函式物件等。以 JS 開發者來說，是相當習慣於去使用 Array 物件的。但 python 是沒有 Array 的，如果想要使用 Array 就得將其引用。

```
import array

# 建立一個 integer 類型的陣列
a = array.array('i', [1, 2, 3, 4, 5])

# 存取陣列元素
print(a[0])  # 1

# 修改陣列元素
a[1] = 6
print(a)  # array('i', [1, 6, 3, 4, 5])

# 取得陣列的長度
print(len(a))  # 5

# 新增元素
a.append(6)
print(a)  # array('i', [1, 6, 3, 4, 5, 6])

# 刪除元素
del a[0]
print(a)  # array('i', [6, 3, 4, 5, 6])
```

7 程式學習篇：決策與迴圈

7.1 學習目標／演練成果

學習條件判斷式及迴圈的處理。

7.2 條件判斷式

解釋　條件判斷式。

ChatGPT：條件判斷式（Conditional statement）是程式語言中一種用來根據特定條件執行不同程式區塊的結構。

在一個條件判斷式中，會先檢查某個特定條件是否為真（True）或假（False）。如果條件為真，程式會執行一段指定的程式碼區塊，否則程式會跳過該區塊，繼續往下執行。條件判斷式通常使用「if」關鍵字來表示。

條件判斷式簡單說，就是用程式碼的方式，來撰寫「選擇的流程」，例如：判斷 60 分以上，叫做及格；不到 60 分就是不及格，那用程式要怎麼表達呢？

- javascript

```javascript
if(score >= 60 ){
  console.log(`恭喜及格！`)
}else{
  console.log(`不及格！`)
}
```

- python

```
score = 70

if score >= 60:
    print(" 恭喜及格 !")
else:
    print(" 不及格 !")
```

其中 javascript 的 (score >= 60) python 的 score >= 60 就是用來評估的條件，如果符合條件，會回傳布林值 true 值，反之則是 false。

故，如果 score 是 60 以上則會真，在 javascript 即執行 if 所 { } 起來的程式區塊，python 則是進入 if 下的縮行；反之，javascript 則是會進入 else { } 程式區塊，python 則是進入 else 下的縮行。

而在評估條件裡，通常可以置入算式運算子及邏輯運算子來協助我們做判斷。

評估條件

比較運算子

比較兩邊的數值 > 70 >= 60。

流程為：1. 70 大於 60 為真 2. 故回傳值為 ture。

常用比較運算子：

名稱	運算子	目的說明	範例	結果
等於	==	比較兩個數值是否相同	1 == 1	true
不等於	!=	比較兩個數值是否不同	1 != 1	false
大於	>	左邊是否大於右邊	3 > 2	true
小於	<	左邊是否小於右邊	3 < 2	false
大於等於	>=	左邊是否大於或等於右邊	3 >= 2	true
小於等於	<=	左邊是否小於或等於右邊	3 <= 2	false
嚴格等於	===	比較兩個數值和資料型別是否相同	1 === 1	true
嚴格不等於	!==	比較兩個數值和資料型別是否不同	1 !== 1	false

Python 跟 JavaScript 的比較運算子大致相同，不過有以下幾個不同之處：

- 無法鏈結比較運算子：在 JavaScript 中，可以使用鏈結比較運算子（如「a < b < c」）來比較多個數值。但是在 Python 中，不支援鏈結比較運算子，必須使用邏輯運算子來實現類似的功能。

JavaScript 等於跟不等於分兩種，原則上現在都是用嚴格等於跟嚴格不等於。

例如：

- javascript

```
1 == 1 ;// true
1 == `1` ;// true 值相同，資料型別不同， == 還是會回傳 true
1 === `1` ;// false  true 值相同，資料型別不同， === 會回傳 false



1 == true // true
`true` == true // false 以為 1 == `1` 會回 true ，結果這邊又回的是 false
```

- python

```
1 == 1 # True

1 == True # True，因為 True 的值為 1
'true' == True # False，因為 'true' 是一個字串，而 True 是一個布林值
```

因為用 == 與 != 比較容易出錯，所以現在都是用嚴格比較，如果真的需要 1 跟 1 比較的話，建議將 1 轉換成數字資料型態再做比較。

例如：

- javascript

```
1 === Number( `1`) ; // true
```

- python

```
# 如果需要比較數字和字串，可以使用 int() 或 float() 函式將字串轉換成數字
1 == int('1') # True
1.0 == float('1.0') # True
```

就不會出錯了。

比較兩個運算式

- javascript

```
(1+2)>(3-4); //true
```

- python

```
(1+2)>(3-4) # True
```

也可以置入運算式做比較。

邏輯運算子

針對兩邊運算式的結果，再做邏輯判斷 > ((1<2)&&(5>4))。

流程為：1. 運算式 1(1<2) 為 true 2. 運算式 2(5>4) 為 true 3. 然後 AND 運算子再檢查兩邊均為 true 4. 故最後回傳值為 true。

- javascript

名稱	運算子	目的說明	範例	結果
AND	&&	兩邊條件是否成立 true && true 為 truetrue && false 為 falsefalse && true 為 falsefalse && false 為 false	(1<2)&&(5>4)	true
OR	||	兩邊條件一個成立 true || true 為 truetrue || false 為 truefalse || true 為 truefalse || false 為 false	(1<2)&&(5<4)	true
NOT	!	!true 為 false !false 為 true	!(3 > 2)	false

- Python 的邏輯運算子 AND 為 and, OR 為 or NOT 為 not。用法都一樣。

if 條件判斷式

javascript

```
if(score >= 60 ){
  console.log(` 恭喜及格！`)
}else{
  console.log(` 不及格！`)
}
```

if 條件判斷式，判斷評估條件是否為 true，如果為 true ，則會執行 if 所 { } 起來的程式區塊，反之則進入 else { } 的程式區塊。

除了 if…else 之外，還可以添加其他的 else if { } 條件，例如：

```
if(score > 60 ){
  console.log(` 恭喜及格！`)
}else if(score === 60 ){
  console.log(` 及格邊緣！恭喜 `)
}else{
  console.log(` 不及格！`)
}
python
if score >= 60:
    print(" 恭喜及格 !")
else:
    print(" 不及格 !")
```

Python 中的條件判斷式與 JavaScript 的用法相似。其中，如果判斷為真，就會執行 if 區塊的程式碼；否則，就會執行 else 區塊的程式碼。

此外，還可以加入其他條件，使用 elif (else if) 的語法：

```
if score > 60:
    print(" 恭喜及格 !")
elif score == 60:
    print(" 及格邊緣！ 恭喜 ")
```

```
else:
    print(" 不及格 !")
```

在這個範例中，如果分數大於 60，就會執行第一個區塊；如果分數等於 60，就會執行第二個區塊；否則，就會執行最後一個區塊。

switch 條件判斷式

javascript

```
switch(level){ // 依照 level 的值，來做對應
  case 1: // level 是 1 的話，才會進這個區塊
    console.log(`好棒棒！`)
    break; // break 有加才會退出 switch 判斷式，否則會執行下去
  case 2:
    console.log(`優秀！`)
    break;
  case 3:
    console.log(`不錯喔！`)
    break;
  default:
    console.log(`別氣餒！`)
}
```

switch 條件判斷式，依照 switch 所指定的變數來做相關的判斷，以變數值來做程式區塊的對應處理，加上 break 來斷掉程式區塊的執行。

所以實務上，很常利用 break 的特性，來讓程式簡潔易讀；例如，有些條件成立時，會執行一樣的程式碼；就會透過故意在 case 後，不加 break 來讓程式可以不被中斷。

例如：

```
let rep;
switch(text){
  case `hi`:
  case `hello`:
  case `你好`:
```

```
    rep= `你好，最近過的如何 ?`; // 因為回應都是相同的，故前面故意不加 break
    break;
  default:
    rep = `沈默以對...`
}
```

python

Python 沒有內建的 switch 關鍵字。不過，你可以使用其他方式來達成類似的功能，比如使用 if-elif-else 或是使用 dict 物件實現。以下是使用 if-elif-else 的範例：

```
level = 2 # 範例中未給定 level 變數的值，這裡自己指定為 2

if level == 1:
    print('好棒棒！')
elif level == 2:
    print('優秀！')
elif level == 3:
    print('不錯喔！')
else:
    print('別氣餒！')
```

條件判斷式練習

- javascript

```
let hour = new Date().getHours();
```

- python

```
from datetime import datetime

hour = datetime.now().hour
```

1. 試判斷 hour 參數撰寫條件判斷式輸出早安午安晚安。

2. 請寫一個程式，根據使用者輸入的分數，判斷他的成績等第，並輸出對應的等第字母（例如 A、B、C、D、E）。

3. 請寫一個程式，根據使用者輸入的年份，判斷該年是否為閏年，並輸出
   對應的結果（是或否）。

4. 請寫一個程式，根據使用者輸入的三個邊長，判斷該三角形的種類，並
   輸出對應的結果（等腰三角形、直角三角形、鈍角三角形、銳角三角形、
   無法構成三角形等）。

詠唱練習

let hour = new Date().getHours(); 試判斷 hour 撰寫條件判斷式輸出早安 午安
晚安。

ChatGPT：可以使用以下的程式碼判斷時間並輸出對應的問候語：

```
let hour = new Date().getHours();

if (hour >= 6 && hour < 12) {
  console.log(" 早安 ");
} else if (hour >= 12 && hour < 18) {
  console.log(" 午安 ");
} else {
  console.log(" 晚安 ");
}
```

這個程式碼首先獲取當前時間的小時數（0-23），然後使用 if … else if …
else …的條件判斷來判斷當前時間屬於哪個時段，並輸出對應的問候語。例如，
如果現在是上午 9 點，它會輸出 " 早安 "。

小結

條件判斷幾乎每一種語法必備的內容。

7.3 真值與假值

在程式語言中，「真值」（truthy values）和「假值」（falsy values）是用來描述一個值在條件判斷時的真假狀態。

javascript

例如：

```
let n = (0 || 1); // 1
```

在上述的例子裡，你可能會覺得 0 是個數值，怎麼會回傳 1，那是因為 JS 有定義一些值為假值 false 。

假值	說明
let n = false;	布林值 false
let n = 0;	數字 0
let n = ``;	空白值
let n = 10/`s`;	NaN (不是一個數字)
let n ;	未定義 undefined

上述假值皆會回傳 false ，而除了上述以外，其他幾乎皆為真值 true 。

python

```
n = 0 or 1
print(n)  # 1
```

在這個例子中，因為 0 為假值，所以 or 運算符會繼續評估右邊的表達式 1，最終 n 的值為 1。如果左邊的表達式為真值，則 or 運算符會返回左邊的值，而不會評估右邊的表達式。

假值	說明
False	布林值 False
0	數字 0
0.0	浮點數 0.0

（續表）

假值	說明
""	空字串
[]	空串列
{}	空字典
()	空元組
None	無值

第 2-2 部
網路應用相關技術基礎學習

 **8 IDE 入門篇 Codesandbox & Node.js , Jupyter Notebook**

8.1 學習目標／演練成果

差不多二三十年前吧，在網路應用還沒有成為主流之前，基本程式語法的學習到這裡就結束了，如果想要再精進的話就會去學習設計模式 Design Pattern。 但在網路應用成為主流之後，許多的程式語言也也因應網路技術，而加上了新的關鍵字。 那也因為網路應用成為主流，基本語法當然也要學習到因網路應用而衍生之相關語法才算是告一個段落。 要學習網路應用相關的語法，最快的方式當然就是直接採用線上 IDE，因為後端解決方案都幫你架好了。 所以本章將會學習 codesandbox，下一篇用 codesandbox 來學習撰寫網路應用相關的語法。

- 學習 codesandbox 的基礎。

- 學習 Jupyter Notebook 的基礎。

8.2 Jupyter Notebook

用 python 學 machine learing，一定會用到的 Jupyter Notebook。Jupyter Notebook 具有以下幾個主要功能：

- 互動性：Jupyter Notebook 提供了一個方便的方式來編寫和執行代碼，並即時查看結果。用戶可以一次運行一個代碼塊，也可以一次運行整個筆記本，以便於調試和測試代碼。

- 可視化：Jupyter Notebook 允許用戶在筆記本中插入各種圖表、表格、圖像等元素，從而更直觀地展示數據分析結果。

- 編輯功能：Jupyter Notebook 支持多種編輯模式，包括編輯模式、命令模式和預覽模式。用戶可以使用快捷鍵或菜單選項進行編輯和格式化。

- 共享和協作：Jupyter Notebook 允許用戶將筆記本保存為多種格式，包括 HTML、PDF、Markdown 和 LaTeX。此外，用戶可以使用 JupyterHub 或 Binder 等工具在線共享和協作筆記本。

Jupyter Notebook 功能比較複雜，也是可以安裝在本機，我們這邊直接使用 Google colab 上的 Jupyter Notebook，可以一定程度的免費使用。

1. 首先到 Google Colab 的網頁：https://colab.research.google.com/。

2. 用自己的 Google 帳號登錄。

3. 建立新檔及基本編輯。

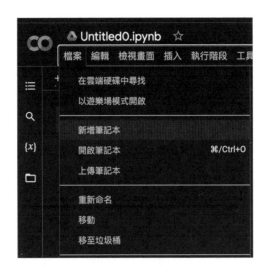

4. 輸入程式碼。

5. 按 ＋程氏碼 就可以新增程式碼。

6. 輸入一段 comment。

7. 按 ▶。

8. 左邊會出現 正在連線 正在初始化。

9. 出現使用的資源等，現在就可以運作程式了。

10. 輸入程式碼。

```
# hello world
print("hello world")
```

11. 印出結果。

12. 可以運行了。

8.3 Codesandbox

8.3.1 codesandbox 可以做什麼？不能做什麼？

有些人對於使用 Codesandbox 來進行初學者的程式教學持懷疑態度。因此，我在這裡想講解一下使用 Codesandbox 的好處：

Codesandbox 的優點

- 免安裝，隨開隨用。

- 幾乎免費，無開發上限制。

免安裝，隨開隨用

相較於需要安裝的 IDE（例如 VS Code），Codesandbox 不需要額外的安裝，讓初學者能夠更加輕鬆地進行學習。在安裝的過程中，不同電腦有不同的狀況，特別是當需要開發 Node.js 的環境時，需要安裝的工具相對較多，對初學者來說可能會讓他們在開始撰寫程式之前就失去信心。

幾乎免費，無開發上限制

相較於其他競爭對手，例如 Gitpod 需要在使用 50 小時後付費，或者 StackBlitz 有開發上限制，無法對外開放 port 以進行後端應用的開發，Codesandbox 幾乎沒有開發上限制，而且費用極低。其他競爭對手通常有專案數量的限制等限制。

codesandbox 的缺點

- 程式碼開放。
- 不能設置斷點。

程式碼開放

在 Codesandbox 的免費模式下，你所編寫的每一行程式碼都是公開的，這是 Codesandbox 開放精神的體現。不過，它也提供了 serect key 的功能，讓你可以保護較為機密的內容，例如金鑰等，避免被外洩。

不能設置斷點

對於程式設計師而言，在開發專案時，斷點是一個非常重要的功能。然而，目前在 codesandbox 上仍然無法使用斷點功能。

斷點的主要目的在於找出錯誤所在。在大型專案或者協同工作時，程式設計師通常會遇到程式運行不如預期的情況，這時需要透過斷點來找出問題所在。不過，對於初學者來說，使用 console.log 已經足夠了。

為什麼呢？因為初學者的程式碼行數通常很少，不會超過 50 行。因此，使用斷點工具的必要性並不是很高。此外，對於初學者來說，建議不要過度依賴斷點工具，而是要透過程式編寫來培養自己的熟練度。

小結

當你對 JavaScript 還不夠熟悉的時候，建議先使用 Chrome 控制台來熟悉語法。等到需要進行前後端操作時，再開始使用 Codesandbox 平台來進一步熟悉。

8.3.2 codesandbox 設定

我們寫程式，首先要有個編輯器 IDE：Integrated Development Environment 整合開發環境，編輯器的作用就是方便我們撰寫程式，其實就算用小作家來寫都可以，不過小作家非常的不方便，因為我們的人腦有限，沒辦法去記住這麼多的指令。　所以我們就需要編輯器來提示我們，撰寫程式時所需要的一些關鍵字，或是之前給你自己定義的一些參數。

這本書裡所採用的是 codesandbox 線上編輯器，好處是：

- 不需要再做安裝的動作。
- 自動架設好連外網的伺服器。
- 可以直接引用 github 的開源專案。

首先要使用 codesanbox 非常簡單。

1. 打開 google 收尋 codesandbox，code sand box 的意思　就是程式的沙盒。

2. 第一個就是了，點進去

3. 在開始使用之前，還是要提醒各位，codesandbox 的免費版本會將所有程式碼公開，所以：

密碼什麼的,千萬不要明碼的放上去,密碼什麼的,千萬不要明碼的放上去,**密碼什麼的,千萬不要明碼的放上去,**

重要的事情說 3 次,請注意。

4. 點擊右上角的 Sign In。

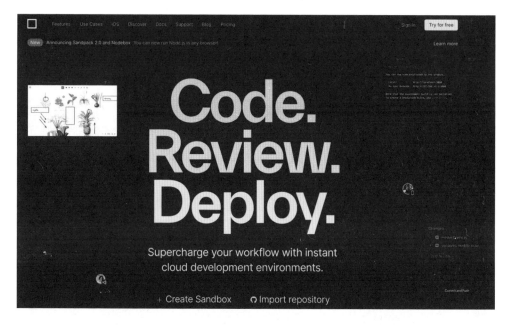

目前支援三家帳號的第三方 sign in:

- github:有很多的開源程式,都會在 github 上面,以前它是自己經營的,收費比較貴,後來被微軟給收購,所以他現在免費的限度都提高了,建議所有要學程式的朋友,都應該開一個 github 帳號,日後會有用處。

- Google Account:就是用 Google 的帳號登入。

- Apple Account:就是用 Apple 的帳號登入。

不管選擇那種方式,都可以 sign in 進來使用 codesandbox 的服務。

5. 進來之後，就點 New Sandbox。

可以看到許多知名的 framework 已經被 codesandbox 引用成為 template，沒看過這些也沒關係，在初學來說，我們先嘗試開啟一個最基礎的套件 Node HTTP Server。

6. 點下去之後，codesandbox 便會幫我們將環境給開好。

Node HTTP Server 的 IDE，初始狀態，主要分為幾個區域：

- 工具列（第一列）：各種設定。

- 檔案目錄（左邊）：檔案開啟的操作。

- 程式碼編輯區（中間）：檔案開啟後的程式碼撰寫，開啟圖檔，則會出現圖片。

- 其他資源（右邊）：預設是網頁預覽。

- ▸ start 8080：網頁預覽。
- ▸ start Logs：預設執行序 process。
- ▸ New task：執行 script 任務。
- ▸ New terminal：開新的 terminal。

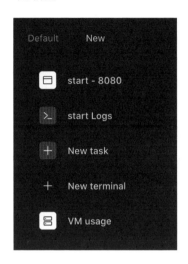

　　出現這個畫面，代表著 codesandbox 已經幫各位開好了一個最基本的 node.js 網站伺服器了，而且你還可以開始撰寫程式碼。

```
{
  "name": "refetch-interval",
  "version": "1.0.0",
  "main": "index.js",
  "license": "MIT",
  "dependencies": {},
  "scripts": {
    "start": "node index.js"
  },
  "devDependencies": {
    "@types/node": "^17.0.21"
  }
}
```

8.4 node.js

8.4.1 node.js 簡介

詳述 Node.js 簡介。

ChatGPT：

Node.js 的歷史和背景

Node.js 是一種基於 Chrome V8 JavaScript 引擎的跨平台開發框架，最初由 Ryan Dahl 在 2009 年創建。Dahl 的初衷是創建一個能夠在瀏覽器之外運行 JavaScript 的環境，以滿足當時網路應用開發中的瓶頸問題。Node.js 在這方面具有天然優勢，因為它不需要瀏覽器中的 DOM 和 CSS 解析等複雜的操作，並且可以直接訪問操作系統底層的 API，能夠快速處理諸如 I/O 和網路通訊等問題，大大提升了網路應用的效率。

Node.js 的特點和優勢

Node.js 的特點主要體現在以下幾個方面：

- 單線程：Node.js 的主要線程是單線程的，這意味著所有的事件都是在同一個線程中進行處理的，這樣可以避免線程之間的切換開銷，減少了系統的負擔。

- 非阻塞 I/O：Node.js 的 I/O 操作都是非阻塞的，也就是說，當進行 I/O 操作時，程式不會被阻塞，可以繼續執行其他任務，當 I/O 操作完成後，系統會通過事件通知的方式回調相關函數，這樣可以提高系統的吞吐量。

- 跨平台：Node.js 支持跨平台開發，可以在 Windows、Linux、macOS 等多種操作系統上運行。

- 模組化：Node.js 具有良好的模組化機制，可以通過 npm 安裝和管理第三方模組，開發人員可以通過模組化的方式輕鬆構建複雜的應用程式。

■ 高效性：Node.js 非常高效，可以處理大量的請求，適合開發高性能的
網路應用程式。## 安裝和設置 Node.js：Node.js 的安裝非常簡單，只
需前往官方網站（https://nodejs.org/）。

**本書採用 codesandbox 直接幫我們開好 node.js 的開發環境，免去安裝
等步驟。**

8.4.2 package.json 簡介

package.json 就是 node.js 的設定檔。

```
{
  "name": "refetch-xxxx",
  "version": "1.0.0",
  "main": "index.js",
  "license": "MIT",
  "dependencies": {},
  "scripts": {
    "start": "node index.js"
  },
  "devDependencies": {
    "@types/node": "^17.0.21"
  }
}
```

■ name：就是專案名稱。

■ vesion：是版本號。

■ main：是程式的主要進入點。

■ license：是版本宣告。

■ dependecies：是相依的套件。

■ scripts：是可以執行的命令，start 是起始的指令，通常我們在 terminal
裡，下 npm start 就會去執行 npm start 裡的命令，而 codesandbox 的
預設，一開啟就會執行 npm start。

- devDependecies：是開發時所相依的套件，也就是 release 時，用不到的套件，例如這裡的 "@types/node":"^17.0.21" 是用在撰寫程式時，提示說明程式碼用的，自然在 release 時用不到，不用被編譯進去。

8.4.3 安裝第一個套件 nodemon

npm 就是 node package manager 的縮寫，意思就是 node.js 的套件管理器；在越來越開放的今天，node.js 之可以蓬勃發展，其中一個原因，要歸功於 node.js 社群不斷的有新的 feature 的套件誕生，方便開發者們去引用，做為開發之用。

而在 node.js 裡，套件的撰寫、安裝及管理是相當簡單的，首先來安裝我們的第一個套件 nodemon，這是一個方便我們撰寫程式所使用的 Tool 工具。

codesandbox 支援兩種方式安裝。

透過 termainl 安裝。

1. 用傳統的方式，直接透過 terminal 下指令。

2. 輸入 npm i nodemon 或是 npm install nodemon。

npm 就是 node.js 的套件管理工具。

i 就是 install 安裝的意思。

nodemon 就是套件名稱。

然後就可以看到安裝開始到完成。

在 dependencies 項裡，就可以看到 nodemon 了。

```
{
  "name": "refetch-interval",
  "version": "1.0.0",
  "main": "index.js",
  "license": "MIT",
  "dependencies": {
```

```
  "nodemon": "^2.0.20"
},
"scripts": {
  "start": "node index.js"
},
"devDependencies": {
  "@types/node": "^17.0.21"
}
}
```

8.4.4 執行 nodemon

使用 nodemon 的好處，就是 nodemon 會幫我們監控檔案有沒有變動，一有變動會重啟程式，而我們不需要中斷指令，再重下指令。

1. 首先至 package.json 修改 start 的參數為 nodemon index.js，存檔。

```
"scripts": {
  "start": "nodemon index.js"
},
```

2. 可以去修改 index.js "Hello World"=>"Hello Baby"。

```
var http = require("http");

//create a server object:
http
.createServer(function (req, res) {
  res.write("Hello Baby"); //write a response to the client
  res.end(); //end the response
})
.listen(8080); //the server object listens on port 8080
```

3. 存檔後，可以看到 terminal 自動重啟。

4. 重新整理 Browser。

9 程式學習篇：非同步語法與 API 呼叫

9.1 學習目標／演練成果

學習使用非同步語法。

9.2 同步 sync vs 非同步 async

何謂同步？

到目前為止學到的程式，通通都是同步，所謂同步，就是一行執行完成後，才會跟著執行下一行。例如：

- javascript

```javascript
console.log(1);
console.log(2);
console.log(3);
// 一步一步執行，依序印出 1 2 3
```

- python

```python
print(1)
print(2)
print(3)
# 一步一步執行，依序印出 1 2 3
```

或者是：

- javascript

```javascript
let a = 1;
let b = 2;
let ans = a + b;
```

- python

```python
a = 1
b = 2
ans = a + b
```

電腦會先宣告 a 再宣告 b 然後加總得到 ans。

就算將加總先宣告成函式，再呼叫，例如：

- javascript

```javascript
let getAns = (...items)=> items.reduce((a,b)=>a+b)
let a = 1;
let b = 2;
let ans = getAns(a,b);
```

- python

```python
def getAns(*items):
    return sum(items)
a = 1
b = 2
ans = getAns(a,b)
```

雖然看似函式在一開始就被宣告，在最後才被呼叫，但這些程式碼，依然逐行執行的，也就是同步執行。

9.3 非同步語法的實現

在 Python 中，使用協程來實現非同步操作，使用 asyncio 模組進行協程的處理，因為要引用其他模組，故這裡先不撰寫 python 的部分，僅用 js 做說明何謂非同步。

在最早的 JS 語法中，要實現非同步，會籍由 setTimeout 來實作，例如：

```javascript
console.log(1);
setTimeout(()=>console.log(2),1000); // 在 1 秒過後執行
```

```
console.log(3);
// 依序印出 1 3 2
```

雖然 setTimeout(... ,1000); 是寫在第二行，也是第二個被執行的，但因為設定為延遲 1 秒，才會去執行函式，故它會等個 1 秒，才會去執行程式 console.log(2)，所以 setTimeout 是 JS 非同步語法，到這裡還很容易理解。

但是，我如果將 1 秒，改成 0 秒呢？

```
console.log(1);
setTimeout(()=>console.log(2),0); // 在 0 秒過後，執行 ()=>console.log(2)
console.log(3);
// 依序印出 1 3 2
```

結果依然是印出 １３２，而不是 １２３。而這又是為什麼呢？

阻塞（blocking）

這就得談為什麼要有「非同步」的程式設計，前述的「同步」就是一步一步的運行程式，一行執行完畢，才會跟著執行下一行：

例如：

```
console.log(`工作 1 完成`);
for(let i = 0 ; i<=5000000 ; i++){
  if(i===5000000){console.log(`工作 2 完成`);}
}
console.log(`工作 3 完成`);
```

很明顯程式的執行必需等待工作 2 完成，才能執行工作 3，這樣子等待，使得主線程 main thread 整個等工作 2 執行完，才能執行工作 3，就是所謂的阻塞（blocking）。

但其實工作 2 有無執行完成，並不妨礙工作 3 的進行，所以為了解決阻塞（blocking）的問題，非同步語法 setTimeout 登場，可以先將工作 2 移到 Timer 去，不去防礙主線程 main thread 的運行。

```
console.log(`工作 1 完成`);
setTimeout(()=>{
```

```
  for(let i = 0 ; i<=5000000 ; i++){
    if(i===5000000){console.log(` 工作 2 完成 `);}
  }
},0);
console.log(` 工作 3 完成 `);
```

單線程 single threaded

其實 JS 從頭到尾，只有一個單線程可以作運算，為了模擬出非同步，也就是使用 setTimeout 這類非同步語法，使其看似雙線程以上的運算，故設計出了 Call Stack & Task Queue 的架構。

什麼是 Call Stack? 例如：

```
function f1(){console.log(1);}
function f2(){f1();}
function f3(){f2();}
f3();
```

當呼叫 f3 函式時，會將 f3 函式丟進 Call Stack，然後再丟入 f2 進 Call Stack，再丟入 f1 進 Call Stack。 ||| f1 || – | – | – ||| f2 | f2 || f3 | f3 | f3 |

當函式都進入 Call Stack 後，才會開始執行。會先執行最近後來的 f1 函式，f1 執行完畢後，再執行 f2，f2 執行完畢，再執行 f1，f1 執行完畢，結束。

```
f1();
f2      f2();
f3      f3       f3();
```

這就是所謂 Stack，就是先進後出的架構，所以最後進來的 f1，最先被執行。

堆疊追蹤

附帶一提，當我們了解 Call Stack 的概念後，當程式出現 bug 時，就可以跟據 error 訊息去追蹤錯誤。

例如：

```
function f1(){console.log(a);} // 沒有宣告 a 變數
function f2(){f1();}
function f3(){f2();}
f3();
```

當程式執行時，便會中斷，並產生錯誤訊息：

```
ReferenceError: a is not defined // 未宣告 a 變數
    at f1 (/sandbox/index.js:1:15) // 在 f1 函式（第 3 行第 15 個字元）
    at f2 (/sandbox/index.js:2:3)// 在 f2 函式（第 6 行第 3 個字元）
    at f3 (/sandbox/index.js:3:3)// 在 f3 函式（第 9 行第 3 個字元）
```

當錯誤發生時，錯誤訊息告訴我們，因為未宣告 a 變數，所以程式中斷了，在 f1 函式裡，而 f1 是被 f2 所呼叫執行，所以下一行也告訴我們，f1 的上一層是被 f2 函式呼叫，那 f2 也是被 f3 所呼叫。這裡就可以很明白的看出何謂 Call Stack。

錯誤處理

附帶一提，程式在運行時，難免會有一些狀況，是我們沒有辦法去掌握，而導致程式錯誤中斷。但有的時候，我們本來就知道會有錯誤發生的機率，但我們並不希望程式因此而中斷，我們就可以設計一些方式，來避免程式中斷，這個叫做程式防呆。

例如，上述的程式會中斷報錯。

```
try {
  f3();
}catch(err){
  console.log()
}
```

但只要加上 try{ } catch(){ } 程式便不會中斷下來，這個技巧在預期不穩定的地方很實用，例如 fetch api 等。

非同步語法（setTimeout）

```
console.log(`工作 1 完成`);
setTimeout(()=>console.log(`工作 2 完成`),0);
console.log(`工作 3 完成`);
```

而 setTimeout 非同步語法，在前端環境用的是 Web API，在後端環境 node.js 用的是 Timer 模組；先將工作 2，丟到 Web API / Timer 那裡，等到設定的時間到了之後，將工作 2 丟到 Task Queue 裡，等待 JS 的呼叫；

- Task Queue 工作序列。

當 Call Stack 是空的，沒有工作需要被執行時，這時後 event loop 就會去 Task Queue 裡，找找有沒有工作需要被執行，有的話，就會將工作拉到 Call Stack 裡去執行。

- event loop 事件循環。

loop 就是迴圈，event loop 可以看作是一個不斷檢查 Task Queue 有沒有工作需要被丟到 Call Stack 的無限迴圈。

- 整體流程。

```
console.log(`工作 1 完成`);
setTimeout(()=>console.log(`工作 2 完成`),0); // 先被丟到 Web API / Timer ，再立刻被丟到
Task Queue
console.log(`工作 3 完成`);
// 依序印出 工作 1 完成 工作 3 完成
// 主線程工作執行完畢， event loop 啟動，找到在 Task Queue 的工作 2 ，立刻拉回 Call Stack
// 印出 工作 2 完成
```

理解了這整體是怎麼運作之後，再回來非同步語法的程式撰寫的部份。

在寫程式時，雖然會有非同步語法的需求，但在實際撰寫時，用 setTimeout 這樣子的語法，在程式維護上是不理想的，因為不夠直覺。

尤其是 AJAX(Asynchronous JavaScript and XML) 問世之後，撰寫非同步程式的機會變得更多，也更加複雜起來。

因此為了使我們撰寫非同步的程式時，可以增加程式的維護性及易讀性，Promise 物件及 await & async 的語法就問世了。

前述的程式，可以改成：

```
let p = new Promise((resolve,reject)=>{setTimeout(()=>resolve(`工作 2 完成`),0);});

(async()=>{
  console.log(`工作1 完成`);
  console.log(await p);
  console.log(`工作3 完成`);
})();
```

執行之後，會依序印出１２３。

程式也變的明瞭清楚許多。

AJAX(Asynchronous JavaScript and XML)

AJAX 的出現是因為過去頻寬非常有限，因此人們開始思考如何節省資源。當時，填寫表單並提交後，服務器返回的網頁與之前的網頁結構大部分相同。為了節省資源，人們開始思考是否只與伺服器進行數據交換即可。因此，當我們在 Google 搜尋時，網頁背景中已經運行了 AJAX 程式與伺服器進行通信。當獲取到 Google 推薦的數據時，它會直接顯示在原網頁上，而無需重新加載網頁以更新資訊。這種技術就是 AJAX 應用。

非同步語法的實現

因為 AJAX 的流行,所以非同步語法成為主流。

XMLHttpRequest

```javascript
// 建立 XMLHttpRequest 物件
const xhr = new XMLHttpRequest();

// 設定當 XMLHttpRequest 物件的狀態改變時要處理的事情
xhr.onreadystatechange = function () {
  // 確認狀態是否完成,並且確認伺服器回應的狀態碼為 200
  if (xhr.readyState === 4 && xhr.status === 200) {
    // 印出網址的回應內容
    console.log(xhr.responseText);
  }
};

// 設定 HTTP 請求方式和網址,以及是否非同步執行
xhr.open('GET', 'api', true);

// 傳送 HTTP 請求
xhr.send();
```

以上是 XMLHttpRequest 的語法,它是實現 AJAX 技術的第一個方法。儘管在程式碼中需要處理網址內容的部份,並且寫法相對複雜,但它在早期的網頁開發中扮演了重要的角色。後來,fetch 函式問世,為網頁開發帶來了更加直覺的寫法,可以更輕鬆地處理網路請求。

Fetch

```javascript
fetch(`api`)
  .then((r) => {
    return r.json();
  })
  .then((r) => {
    console.log(d);
  });
```

為了解決 XMLHttpRequest 的問題，fetch 函式應運而生。與前者相比，使用 fetch 函式訪問網頁時，會回傳一個 Promise 物件，語法也更加簡潔，但在維護上，仍舊不夠直覺，因為成了一圈一圈的巢狀結構了，能不能讓其逐行執行呢？這樣會更好維護；然後搭配 Promise 的關鍵字 async & await 誕生了。

async & await

```
const response = await fetch('api');
const data = await response.json();
console.log(data);
```

使用 async & await 關鍵字配合 Promise 物件，可以更加直觀地編寫非同步的程式碼，並且提升了程式碼的可讀性和維護性。

XMLHttpRequest 所使用的 callback 的程式寫法，以及 fetch 剛問世時，所流行的 CPS 的程式寫法，本書不再作探討，因為已經過時了。本書將就 Prmoise 物件搭配 async & await 關鍵字的部份來做學習與練習。

9.4 Promise 物件與 async & await 語法

解釋　promise。

ChatGPT：Promise 是 JavaScript 中一個非常重要的概念，它是一個異步操作的容器，可以用來解決異步程式設計中的回調地獄問題，也可以使程式碼更易於讀寫和理解。

前面解釋了這麼多，終於正題，非同步相關的物件及語法，要如何做宣告及使用呢？

Promise 物件宣告方式

```
let p = new Promise((resolve,reject)=>{ })
```

Promise 物件是一個建構函式，產生一個 Promise 物件，參數必需為函式，而這個函式必需依照 js 的規定格式 (resolve,reject)=>{}，才能正確的使用。

resolve 代表的是執行成功，可以帶任何的回傳值，例如：

resolve({word:"hello"})

reject 代表的是執行失敗，可以宣告 Error 物件回傳，例如：

reject(new Error("error"))

- Promise 的 3 種狀態：

  ▶ pending 擱置：初始狀態。

  ▶ fulfilled 實現：表示操作成功地完成。

  ▶ rejected 拒絕：表示操作失敗了。

我們以一個簡單的倒數計時器為例：

```
let getTimer =(isOk)=> new Promise((resolve,reject)=>{
  setTimeout(()=>{isOk?resolve(`done`):reject(new Error(`error`))},3000)
});
let timer1 =  getTimer(true);
timer1 // 當下是 Promise {<pending>}
timer1 // 3秒後是 Promise {<fulfilled>: 'done'}
let timer2 =  getTimer(false);
timer2 // 當下是 Promise {<pending>}
timer2 // 3秒後是 Promise {<rejected>: Error: error}
```

　　Promise 物件的狀態會隨著 resolve 及 reject 的被呼叫而轉變，最開始的狀態是 pending，當 resolve 被呼叫後，狀態就會變成 fulfilled，當 reject 被呼叫後，狀態會變成 rejected。

- Promise thenable

我們以 getTimer 函式產生的 timer1 Promise 物件為例。

```
getTimer().then(
  (v)=>{}, // resolve
  (err)=>{} // reject
)
```

Promise 物件，後面可以呼叫 then 函式，可以塞入兩個函式參數，第一個為 resolve 發生時，也就是預期的工作完成時，就會進入第一個函式；而第二個則是 reject 發生時，會被呼叫。

但目前會被改寫為：

```
getTimer(true).then( // 完成的話，進來這裡
  (v)=>{doSomeThing(v);},
).catch( // 錯誤的話，進來這裡
  (err)=>{}
)
```

程式碼會變得較易讀。

- Promise Chain 鏈接。

```
timer1.then(
  (v)=>{return doSomeThing1(v)},
).then(
  (v)=>{return doSomeThing2(v)},
).then(
  (v)=>{return doSomeThing3(v)},
)
```

Promise 的 then 特性，可以直接從面一直加 then 下去，但是記得要回傳參數，並且為 Promise 資料型態，後面才能得到回傳的參數。

一樣這個 CPS 的程式寫法已經較退流行了，不過在很多的 framework 還是會看到，必需了解一下。

但 then 的巢狀結構，在程式維護上，其實不太理想，改成逐行比較易讀。

```
(async()=>{
  let r1 = await timer1().then();
  doSomeThing1(r1);
  let r2 = await timer1().then();
  doSomeThing1(r2);
  let r3 = await timer1().then();
  doSomeThing1(r3);
})()
```

await & async 宣告方式

```
function f0(){};
async function f1(){};
let f2 = async ()=>{}; // 箭頭函式
```

async 函式被呼叫時，會回傳一個 Promise 物件。

```
f0(); //undefined
f1(); //Promise {<fulfilled>: undefined}
f2(); //Promise {<fulfilled>: undefined}
```

- await await運算子被用來等待Promise，只能在async function內使用。

```
await f1();
await f2();
```

實務上 await 常會拿來等非同步 API 的呼叫。

例如：

```
let response = await fetch(url);
```

async & await & Promise 練習

```
function resolveAfter2Seconds(x) {
  return new Promise(resolve => {
    setTimeout(() => {
      resolve(x);
    }, 2000);
  });
}

async function add1(x) {
  const a = await resolveAfter2Seconds(20);
  const b = await resolveAfter2Seconds(30);
  return x + a + b;
}

add1(10).then(v => {
  console.log(v);  // prints 60 after 4 seconds.
```

```
});

async function add2(x) {
  const p_a = resolveAfter2Seconds(20);
  const p_b = resolveAfter2Seconds(30);
  return x + await p_a + await p_b;
}

add2(10).then(v => {
  console.log(v);  // prints 60 after 2 seconds.
});
```

小結

Promise 及 async & await 在現在只要是網路相關應用的程式寫作上的使用上相當常見。

9.5 API 簡介

解釋　API。

ChatGPT：API（Application Programming Interface）是一種軟體介面，用於協調不同軟體之間的互動。API 提供了一組定義的協議和工具，以便軟體應用程式之間進行通訊和交換數據。

通常，API 會定義一組函數、類、方法或協定，並且這些可以在應用程式中被調用或呼叫，以取得所需的資訊或執行特定的功能。這些功能可能包括數據的存取、操作、請求或轉換，讓不同的應用程式之間可以透過 API 進行互動，以完成特定的任務。

API 可以是私有的，僅限於特定的應用程式使用，也可以是公共的，供任何開發者使用。許多公司和組織都提供 API，以方便開發人員建立應用程式，並且API 也常常用於網際網路和雲端服務中，提供了一個標準化的方式，讓不同的系統可以互相通訊和整合。

這裡將以中央氣象局天氣 API 為範例，去學習如何引用呼叫 API。

9.6 申請中央氣象局資料開放平台

中央氣象局的 open data 相當準確。

1. 先 google 中央氣象局資料開放平台。

2. 進來之後，先點登入 / 註冊。

https://opendata.cwb.gov.tw/devManual/insrtuction

3. 註冊一個新帳號。

4. 點 API 授權碼。

5. 取得授權碼。

6. 獲得授權碼後。

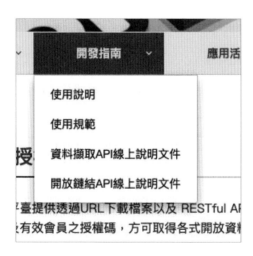

7. 複製授權碼。

8. 點開發指南。

9. 點資料擷取 API 線上說明文件。

10. 另開新頁後。

11. 打開第一個一般天氣預報 - 今明 36 小時天氣預報。

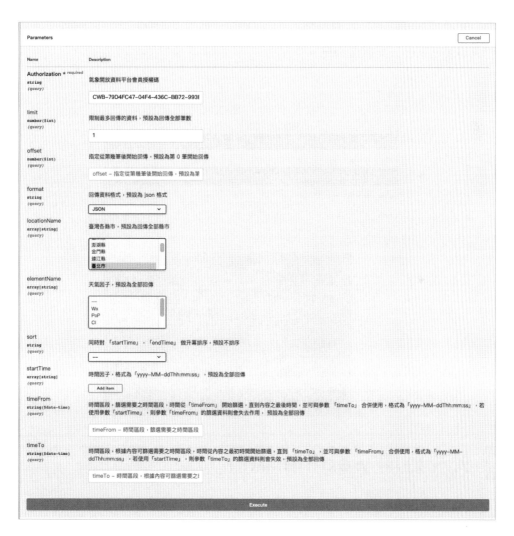

12. 點 Try it out。

13. 貼上授權碼在 Authozization 欄位。

14. 在 locationName 選一個縣市。

15. 點 Exeute。

在最下面 Response 回來的 Data 會看到回傳回來的資料欄位很複雜，但我們只想要當下的天氣狀況而已。

9.7 呼叫 weather API

1. 至 codesandbox 開 node http server，安裝完 nodemon 且改寫 package. json 裡的 start 為 nodemon index.js 後，重啟 Restart Sandbox。

2. 新增一個檔案 TaiwanWeather.js 作為我們撰寫邏輯程式的地方。

3. 我們需 node-fetch 套件來協助我們取中央氣象局 open data 的 API。

   > npm install node-fetch@2.6.7

   版本號，請選 2.6.7 ；新版和 codesandbox 的預設 node.js 環境不相同，會無法運行。

4. 先試一下 API 能否存取。

```
const fetch = require(`node-fetch`); // 引用 node-fetch
(async () => { // 因為 fetch 是 promise 的函式，所以要用 async
let url = ``; //url 的部份，將剛剛的 Request URL 貼過來
let response = await fetch(url); // 因為 fetch 是 promise 的函式，所以要用 await
})();
```

5. url 的部份，將剛剛的 Request URL 貼過來。

目前的 TaiwanWeather.js：

```
const fetch = require(`node-fetch`);
(async () => {
let url = `https://opendata.cwb.gov.tw/api/v1/rest/datastore/F-C0032-001?...`;
let response = await fetch(url);
let data = await response.json(); // response 的資料還需轉譯成 json 格式
console.log(data); // 印出資料
})();
```

6. 下 node TaiwanWeather.js。

> node TaiwanWeather.js

可以看到欄位裡還有資料

這裡我們了解到了如何使用 Promise 語法去呼叫 API。

10 程式學習篇：web 應用程式

10.1 學習目標／演練成果

你的手機無時無刻都在上網，例如 LINE app。 只要你的手機有上網功能並且開啟著，那 LINE 就會無時無刻的不斷地聯上 LINE 的伺服器，獲得最新的訊息。LINE 的伺服器是後端解決方案的一種。除此之外，你使用瀏覽器所連上的網站等，背後也都有伺服器存在，也就是各種後端解決方案。

本章將會練習後端解決方案的實作，

- 學習建置 web 應用程式。

10.2 用 express 簡介

Express 框架簡介

詳述 Express 框架。

ChatGPT：

Express 框架簡介：

1. Express 是一個基於 Node.js 平台的輕量級 Web 應用程式框架，它提供了一組豐富的功能，可以幫助開發人員快速地構建 Web 應用程式。Express 具有以下特點：

   - 簡潔易學：Express 框架的 API 簡潔易學，可以幫助開發人員快速上手。

- 高度可定制：Express 框架提供了一系列的中間件和插件，可以方便地擴展和定制應用程式。

- 高效靈活：Express 框架非常高效靈活，可以適用於各種規模的 Web 應用程式開發。

2. Express 框架的優勢：Express 框架有以下優勢：

- 快速開發：Express 框架提供了一個簡單易用的 API，可以快速開發 Web 應用程式。

- 可擴展性：Express 框架提供了一系列的中間件和插件，可以方便地擴展和定製應用程式。

- 安全可靠：Express 框架具有豐富的安全機制，可以保護 Web 應用程式免受常見的攻擊，例如 CSRF、XSS 等。

- 易學易用：Express 框架的 API 簡單易學，開發人員可以快速上手。

3. Express 框架的使用方法：使用 Express 框架開發 Web 應用程式的步驟如下：

- 安裝 Express：在 Node.js 環境中使用 npm 安裝 Express 框架。

- 創建應用程式：使用 Express 框架創建一個新的應用程式。

- 設置路由：在應用程式中設置路由，處理客戶端的請求。

- 設置中間件：使用中間件處理各種請求和響應，例如靜態資源請求、HTTP 頭設置等。

- 運行應用程式：啟動應用程式，使其運行在指定的端口號上。

筆者補充

框架 express，不同於之前所以安裝的 nodemon 是 tool 工具，url，querystring 是 module 模組，express 是 framework 框架。

　　框架的意思是，我們只要依照著其結構及開發邏輯，就可以快速的開發出我們想要的應用。

名稱	說明	js 知名套件
tool 工具	特定功能。	nodemon, webpack
module 模組	某特定領域的函式集成，可以供呼叫引用。	http，url，querystring，jquery
framework 框架	依照其指引開發某特定領域的應用，例如：開發前端網頁。通常範例 code 會有 hello world 跟 todo list。	express，react，vue，angular，botframework

　　例如 node.js 開發網站要用到 http，url，querystring 等等的 module，但是籍由 express 來開發，就不需要去一個一個引用到上述的 module，開發網站上省時省力很多，但是 http 等等的 module 不是不見了，而是被寫在 express 裡面了。

　　例 如 :https://github.com/expressjs/express/blob/158a17031a2668269aedb31ea07b58d6b700272b/lib/application.js 的就有引用到 http 等。

```
/*!
 * express
 * Copyright(c) 2009-2013 TJ Holowaychuk
 * Copyright(c) 2013 Roman Shtylman
 * Copyright(c) 2014-2015 Douglas Christopher Wilson
 * MIT Licensed
 */

'use strict';

/**
 * Module dependencies.
 * @private
 */

var finalhandler = require('finalhandler');
var Router = require('./router');
var methods = require('methods');
var middleware = require('./middleware/init');
```

```
var query = require('./middleware/query');
var debug = require('debug')('express:application');
var View = require('./view');
var http = require('http'); // 這裡引用了 http
var compileETag = require('./utils').compileETag;
var compileQueryParser = require('./utils').compileQueryParser;
var compileTrust = require('./utils').compileTrust;
var deprecate = require('depd')('express');
var flatten = require('array-flatten');
var merge = require('utils-merge');
var resolve = require('path').resolve;
var setPrototypeOf = require('setprototypeof')
```

10.3 用 express 實作建置 web 應用程式

實作步驟

1. 至 codesandbox 開 node http server，安裝完 nodemon 且改寫 package. json 裡的 start 為 nodemon index.js 後，重啟 Restart Sandbox。

2. 安裝 express npm install express。

3. 重新編輯 index.js，先宣告引用 express。

```
const express = require(`express`);
```

4. 藉由執行 express() 產生 app 物件。

```
const app = express();
```

5. 寫一個最基本的路由，當 browser 訪問根目錄 '/' 或路由 route '/' 時，印出 hello world。

```
app.get(`/`, (req, rep) => { // browser 訪問 根路由時
rep.end(`hello world`); // 回應 `hello world`
});
```

6. 監聽 8080 port。

```
app.listen(8080, () => {
console.log(`listening`);
});
```

7. 重新整理 Browser 就會印出 hello world 了。

8. 試著讓 browser 訪問其他網址。

沒有撰寫的路由是無法訪問的。

11 後端解決方案篇：GCP

11.1 學習目標／演練成果

學習實作 google cloud function。

11.2 後端解決方案

解釋　後端解決方案。

ChatGPT：後端解決方案是指在一個軟體應用程式中，負責處理伺服器端的資料管理、資料庫連結、API 設計等技術解決方案。簡單來說，後端解決方案是一個軟體應用程式中與使用者介面無關的部分，它負責處理所有的伺服器端邏輯、資料庫交互和 API 設計等技術工作。

舉個例子，如果一個網站需要登入系統，後端解決方案會負責處理使用者的登入驗證、存儲使用者資訊、檢查權限等工作。如果有一個網路商店需要管理商品庫存和訂單，後端解決方案會負責處理這些資料的存儲、讀取和更新。

總的來說，後端解決方案是一個軟體應用程式的核心，它保證了系統的穩定運行和高效性。與之相對的是前端解決方案，前端解決方案則負責處理與使用者互動和介面設計等工作。

後端解決方案的歷史

ChatGPT：後端解決方案的歷史可以追溯到早期的網路應用程式。在早期，網路應用程式主要是使用靜態 HTML 頁面和一些基本的 CGI 腳本來處理用戶請求和服務端邏輯。這些 CGI 腳本通常是用 Perl、Python、C 或其他語言編寫的。

後來，隨著網路應用程式變得越來越複雜，需要更多的技術來處理大量的數據和交互。這導致了 Web 應用程式框架的出現，如 Ruby on Rails、Django 和 Spring 等。這些框架可以快速地構建強大的 Web 應用程式，並提供了一些常見的功能，如資料庫連接、會話管理和身份驗證等。

隨著時間的推移，雲計算和虛擬化技術的發展，後端解決方案變得更加複雜和多樣化。現在，許多企業都使用微服務架構和容器化技術，如 Docker 和 Kubernetes，來構建高度可擴展和可靠的後端解決方案。

總的來說，後端解決方案的歷史是一個不斷發展和演進的過程，從最初的基本 CGI 腳本到現在的微服務架構和容器化技術。

筆者補充

本章是採用目前最流行的 serverless 的概念，所衍伸出的 google cloud function 的後端解決方案來作為實作。

但後端解決方案走到 serverless 概念的今天，並不是一蹴可幾的，是經過好幾年不斷演進的。

這裡將就後端解決方案的歷史，做一個介紹。

本機機房

當筆者最早接觸網站開發時，那時瀏覽器問世沒多久，是 web 1.0 的時代。那個時候所謂架網站，就是使用一台電腦，安裝伺服軟體，當時流行的是 Apache，運行好 Apache 之後，在預設的資料夾裡加入網頁檔案，並確保網路通暢，讓外部的電腦可以通過網路連接到你的電腦，再藉由瀏覽器去打開伺服軟體裡的網頁檔案。這就是所謂的架設網站。

然而，這種方式存在幾個問題：

- 電腦在運行網路伺服軟體的同時，還可能在運行其他軟體，導致網路伺服軟體的效能受到影響。

- 可能會因為一些不注意的原因（例如，電線被踢掉）而導致電腦關機，進而導致網站關閉。

代管機房

當然，對於需要專用網站伺服器的企業來說，解決方案之一是購買一台專用電腦，然後將其放置在固定的機房中。

然而，這個需求並不僅限於單一企業，因此代管機房服務應運而生。

使用代管機房服務，企業只需將自己的電腦放置在代管機房中，而代管機房公司保證提供正常的電源供應和網路連接，並確保網路暢通，讓企業可以輕鬆管理自己的網站伺服器。

PaaS（平台即服務）：讓開發者專注在業務邏輯上

現在，使用者最在意的是他們所使用的服務是否正常運行，而不是硬體和作業系統等細節。為了解決這個問題，許多平台提供了一種程式的方式，讓使用者可以將開發好的網路服務上傳到平台並運行，並專注於自己的業務邏輯。

其中，AWS Elastic Beanstalk 和 Google App Engine 是當時非常知名的 PaaS 服務。這些服務使得開發者可以輕鬆地構建和部署他們的應用程式，並且讓他們可以不必擔心硬體和作業系統等細節，從而提高了開發效率和業務生產力。

總之，PaaS 平台即服務是一個非常有用的解決方案，它允許開發者專注於自己的業務邏輯，而不必擔心基礎設施的管理和維護。

微服務（Microservices）

現代人對網路的依賴越來越高，但一個功能出現問題可能導致整個網站的關閉，這對業務和用戶都是很不友好的。為了避免這種情況，有人提出了一個解決方案：將網站拆分成多個服務，使得單一服務失效不會影響其他服務的運行。

為了實現這個目標，使用 Docker 容器化技術能夠更快速地部署和管理服務。

實際上，這個方案是將網站的不同服務拆分成對應的容器，如物流、金流等。這樣做的好處在於：

避免單一服務失效導致整個網站關閉。可以獨立地迭代和更新各個服務，不需要每次更新整個網站。監控和管理不同容器的資源佔用情況，以優化資源分配。總之，微服務是一個解決方案，可以使網站更加穩定、更容易維護和更新。

而 Kubernetes / k8s 是目前的主流管控軟體。

FAAS（Function-as-a-Service）- 功能即服務

FAAS 又被稱為無伺服器運算，是一個目前最新的概念。其主要實作方式是將服務拆分為各個函式，上傳至服務器後以 Web API 的方式呼叫，好處是甚至可以省去維運的成本。

然而，要將所有功能都拆分成函式，需要具備相當高的工程能力和技巧。

目前，Google Cloud Function、AWS Lambda 和 Azure Function 都提供了此類服務。

11.3 Google 憑證

要在 Google 的國度之外使用 Google API，都必須要有 GCP 的憑證。

怎樣獲得憑證文件

1. 登錄 Google Cloud Platform 控制台（https://console.cloud.google.com/）並創建一個新專案。

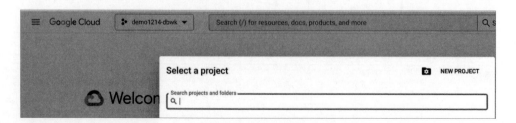

2. 在您的專案中啟用 Google Sheets API。這可以在 API 與服務 > 庫中完成。

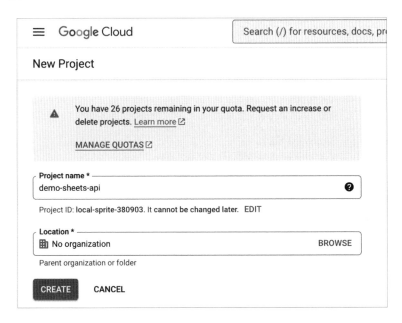

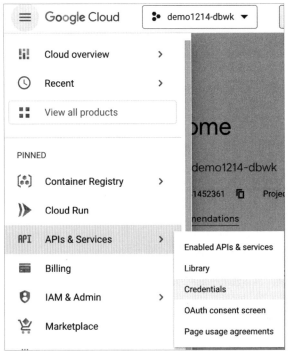

3. 創建憑證以授予您的應用程序對 Google Sheets API 的訪問權限。您可以通過以下步驟完成：

    a. 在 API 與服務 > 憑證中，單擊「建立憑證」。

    b. 選擇「服務帳戶」。

c. 服務帳戶名稱自定。

d. 建立並繼續。

e. 選擁有者。

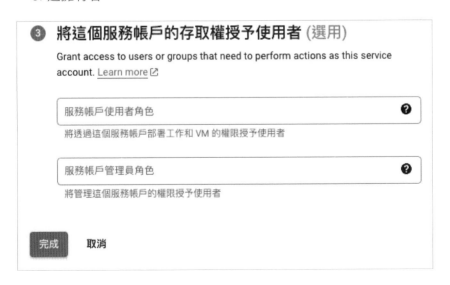

f. 選完成。

服務帳戶			管理服務帳戶
☐ 電子郵件		名稱 ↑	動作
☐ demo-sheet-api@local-sprite-380903.iam.gserviceaccount.com			✏ 🗑
☐ demo-720@local-sprite-380903.iam.gserviceaccount.com		demo	✏ 🗑

4. 多了一個電子郵件，點進去。

← demo

詳細資料　　權限　　金鑰　　指標　　記錄

金鑰

⚠　如果服務帳戶的金鑰遭到盜用，可能會產生安全性風險。建議您不要下載服務帳戶金鑰，並改用 Workload Identity 聯盟
　　☑。如要進一步瞭解在 Google Cloud 中驗證服務帳戶的最佳做法，請按這裡 ☑。

新增金鑰組，或是上傳現有金鑰組中的公用金鑰憑證。

使用機構政策 ☑封鎖服務帳戶金鑰建立功能。
進一步瞭解如何針對服務帳戶設定機構政策 ☑

新增金鑰 ▾

類型	狀態	鍵	金鑰建立日期	金鑰到期日
沒有可顯示的列				

5. 點新增金鑰。

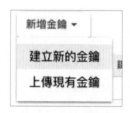

6. 建立新的金鑰。

建立「demo」的私密金鑰

下載內含私密金鑰的檔案。請妥善保存這個檔案，金鑰一旦遺失 即無法重新取得。

金鑰類型

⦿ JSON
  建議使用

○ P12
  能與使用 P12 格式的程式碼向下相容

取消　建立

7. 點建立存檔。

已將私密金鑰儲存至您的電腦中

⚠ 「local-sprite-380903-b7d7eca0ea8e.json」可用來存取您的雲端資源，因此請妥善存放。瞭解更多最佳做法

關閉

```
type:                          "service_account"
project_id:                    "local-sprite-380903"
private_key_id:                "b7d7eca0ea8e76865d2e1cf871012329b
private_key:                   "-----BEGIN PRIVATE KEY-----\nMIIE
                               \nQOi56uittXmT6nDZzlhJITDn0910rCl+
                               /5QTPLIfwP+MuikyCWFg3Z+dVcSM6Wy8rWx
                               /NyZW\n7FIiPNVM6fcNoeWmOpHAhaUFKzwM
                               /2YoisR9mqy+FAEPUfTDrBiKRjhCpa9hDM8
                               \nP6RyTDorJIdcExUM/9nnT0NoFDmeheyW8
                               /TzZtfR5Tmg7q14XkYYCIwgiYi88H0rxBl
                               \nJPCyWqsYgsOT34V3vQ3PJaaKZaWdEnDTQ
                               \nGphCEm29hllBCtac5euzKGakxKqgFex4
                               /NzOVrSLAXiRD17KDdyV9huYRI8ueyTgI7
                               /Dpcb\nSn4aFb8ThLLMgRWH8kKn+EMNZQKE
                               /cUV64l79ceedcaPtSJ+FevpUr/H\nEKWx
                               /VrxqGVMQQTXpoCUUZ9Q9pE2OqLV0bOxag
                               /8LFC8EY/jSVaGlnZobTc8q61RrU8/fWC/
                               \nzhzq6H2rEby+fb3RUnhihdAY0mZpKTc4
                               /\nv+1ppxcUO8UZGBlDT6ypZQKOgdzzKUw
                               /ty+/1ptNhZDAmtR3G1wxnQO\nTBdSGogD
                               PRIVATE KEY-----\n"
client_email:                  "demo-720@local-sprite-380903.iam.
client_id:                     "118118432405092809313"
auth_uri:                      "https://accounts.google.com/o/oau
token_uri:                     "https://oauth2.googleapis.com/tok
auth_provider_x509_cert_url:   "https://www.googleapis.com/oauth2
client_x509_cert_url:          "https://www.googleapis.com/robot/
```

這是一個 JSON 文件，包含您的應用程序的客戶端 ID、客戶端密鑰等信息。

11.4 Serverless 部屬：使用 Google Cloud Function

　　本書採用 Google Cloud Function，因為台灣有機房比較快。至於部屬的步驟建議參考 GCP 的文件，因為供應商的介面改版很快，問 ChatGPT 可能獲得的是舊的資訊。

部屬步驟

建立函式

1. 點選前往：CLOUD FUNCTIONS。

   https://cloud.google.com/functions/?hl=zh-tw

2. 前往控制台。

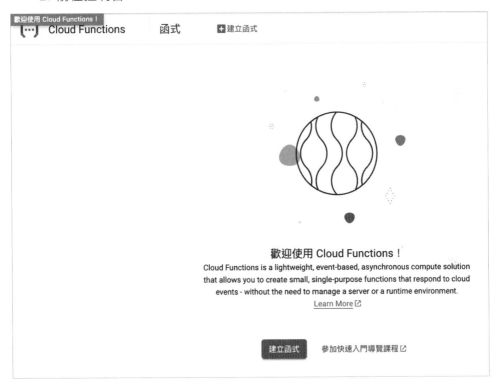

3. 點建立函式。

4. 點啟用（如果這個專案沒有掛到計費帳戶會失敗）。

5. 這裡選允許未經驗證的叫用。

6. 點下一步。

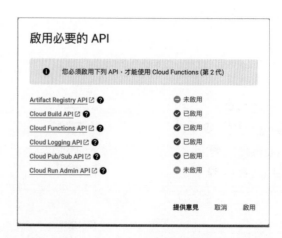

7. 點啟用。

8. 執行階段預設是 Node.js 辦目前還有支援 .net Go JAVA PHP Python Ruby。

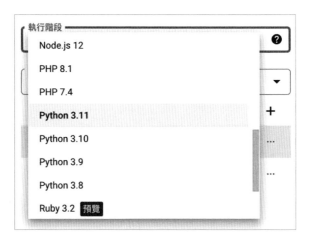

9. 進入點 helloWorld。

目前 index.js：

```
/**
 * Responds to any HTTP request.
 *
 * @param {!express:Request} req HTTP request context.
 * @param {!express:Response} res HTTP response context.
 */
exports.helloWorld = (req, res) => {
  let message = req.query.message || req.body.message || 'Hello World!';
  res.status(200).send(message);
};
```

10. 都先不動直接按部署。

11. 好了後選觸發條件。

12. 點觸發網址。

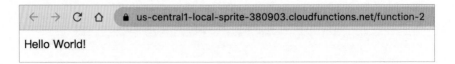

13. 可以依 req.query.message 加 query 變數 message 來改輸出。

設環境變數

除了在 query 裡加參數，還可以加在執行環境裡加參數。

1. 點進 function。

2. 選變數都是空的。

3. 點編輯。

4. 點執行階段建構作業連線和安全性設定。

5. 點新增變數。

6. 輸入完成 key 後點下一步。

```javascript
exports.helloWorld = (req, res) => {
  let message = req.query.message || req.body.message || 'Hello World!';
  res.status(200).send(message + process.env.key); // 加 process.env.key
};
```

7. 改一下程式碼。

8. 點部署。

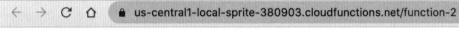

9. key 值印出來了。

第 2-3 部
資料應用相關技術基礎學習

12 資料庫

12.1 學習目標／演練成果

學習用 Google Sheets 充作資料庫。

12.2 資料庫簡介

扮演一位程式專家 解釋資料庫。

ChatGPT：資料庫（Database）是一個組織化的資料集合，用於存儲和管理數據。它可以是在一個計算機系統或在多個計算機系統上存儲的資料的集合，可以包含各種類型的數據，例如文字、數字、圖像、音頻和視頻等。

資料庫具有一些特點，包括：

- 組織性：資料庫中的數據按照特定的組織方式存儲，例如表格、文件等。這樣可以更加方便地管理和查詢數據。

- 共享性：資料庫中的數據可以被多個使用者或應用程序共享，因為資料庫系統具有安全性和控制機制。

- 持久性：資料庫中的數據是持久性的，即它們可以被永久地存儲在硬盤等儲存介質上，即使系統關閉或故障，數據也可以得到保留。

資料庫可以使用各種不同的軟件管理，例如關聯式資料庫管理系統（RDBMS），非關聯式資料庫管理系統（NoSQL），圖形資料庫管理系統等。 RDBMS 是一種最常用的資料庫管理系統，使用 SQL（Structured Query Language）作為數據操作語言。透過 SQL，使用者可以對資料庫進行查詢、插入、更新和刪除等操作，從而獲得所需的數據。

介紹一些知名資料庫軟體

ChatGPT：以下是一些知名的資料庫軟體：

- Oracle Database：Oracle Database 是一個企業級的關聯式資料庫管理系統（RDBMS），擁有豐富的功能和工具，支持高可用性、安全性、擴展性和性能等要求。

- Microsoft SQL Server：Microsoft SQL Server 是一個企業級的關聯式資料庫管理系統（RDBMS），由 Microsoft 開發，支持 Windows 和 Linux 操作系統。

- MySQL：MySQL 是一個開源的關聯式資料庫管理系統（RDBMS），由 Oracle 公司開發，支持多種操作系統，例如 Windows、Linux 和 macOS 等。

- PostgreSQL：PostgreSQL 是一個開源的關聯式資料庫管理系統（RDBMS），支持高度可擴展性、安全性和擴展性等特點，由 PostgreSQL 全球開發組織開發。

- MongoDB：MongoDB 是一個開源的非關聯式資料庫管理系統（NoSQL），支持高度可擴展性、靈活性和性能等特點，由 MongoDB 公司開發。

- Redis：Redis 是一個開源的鍵值對資料庫管理系統，支持高速度、高可用性、高性能和豐富的數據類型，由 Redis Labs 開發。

這些知名的資料庫軟體都有其獨特的特點和應用場景，根據不同的需求和預算可以選擇適合的軟體。

筆者補充

IT 界有一説，junior 跟 senior 的差別，就是在於有沒有曾經讓資料庫爆過。就是工程師的能力值，隨著資料庫爆過而成長。 這是一句頗值得玩味的説法，大家可以依資料庫正系統裡的重要性，以及當災難發生時，所需要去做的事項，去思考看看為什麼會有此一説。

上述所提及的資料庫都是很棒的資料庫，但在經驗不足的情況下，可能直接採用，日後會有爆掉的風險。

故本書先不採用。

12.3 google sheets 簡介

扮演一位程式專家介紹 google sheets。

ChatGPT：Google Sheets 是由 Google 開發的一種線上電子表格軟體，它可以免費使用，只需要一個 Google 帳戶就可以使用。Google Sheets 可以在瀏覽器中直接使用，也可以透過 Google Drive 進行儲存和共享。

Google Sheets 與其他電子表格軟體類似，它具備了輸入和編輯資料、計算公式、繪製圖表、排序、篩選和查詢等基本功能。此外，Google Sheets 還具備了許多便利的特性，例如實時共同編輯、自動儲存、內建模板、自動填充、數據驗證和雲端連接等，這些功能可以大大提高使用者的工作效率。

Google Sheets 同樣也支援了許多常用的擴充功能，例如腳本編寫、外部連接、表格引用和網路爬蟲等，這些擴充功能可以滿足不同使用者的需求，並且可以輕易地自訂和分享。

總的來說，Google Sheets 是一種功能強大、易於使用和便於分享的線上電子表格軟體，它可以幫助使用者更加高效地處理資料，並且可以在不同的設備和地點上輕鬆地存取和共享。

我可以使用 Google Sheets API 將 Google Sheets 打造為資料庫嗎？

ChatGPT：是的，您可以使用 Google Sheets API 來打造 Google Sheets 資料庫。Google Sheets API 是 Google 提供的一種 RESTful API，它允許開發人員使用程式碼與 Google Sheets 進行互動，包括讀取和寫入資料、新增、更新和刪除資料、創建和編輯表格等操作。透過 Google Sheets API，您可以輕鬆地將 Google Sheets 轉換為一個功能強大的資料庫，並且能夠在不同的平台和應用程式中存取和共享。

使用 Google Sheets 作為資料庫，您需要遵循一些最佳實踐，例如：

- 保持資料表的結構一致，定義良好的欄位名稱和資料型別。

- 使用命名範圍和引用，讓程式碼更容易理解和維護。

- 建立合適的權限和安全性設定，以保護敏感資料。

- 考慮資料量和效能問題，適時地進行資料壓縮和索引等操作。

- 撰寫適當的程式碼和錯誤處理機制，以處理例外情況和錯誤訊息。

總的來說，使用 Google Sheets 作為資料庫需要仔細考慮和設計，但是它能夠提供一個簡單、便利和免費的解決方案，特別適合小型和輕量級的應用程式。

筆者補充

Google Sheets 好處

- 免費:在一般使用程度下,使用 Google Sheets 幾乎不會有負擔,且不需要額外的付費。

- 簡單:Google Sheets 的介面與某辦公室軟體非常相似,因此大多數使用者都能夠輕易上手,不需要額外的培訓。

- API 支援:Google Sheets 提供了 API 支援,可以輕鬆透過呼叫 API 來進行 CRUD 操作,大幅簡化開發流程。

Google Sheets 介面使用方式

1. 前往 google.com/sheets/。

2. 前往 試算表。

3. 可以直接使用 Blank 開啟一個空白試算表,也可以使用 Google Sheets 所提供的範本。

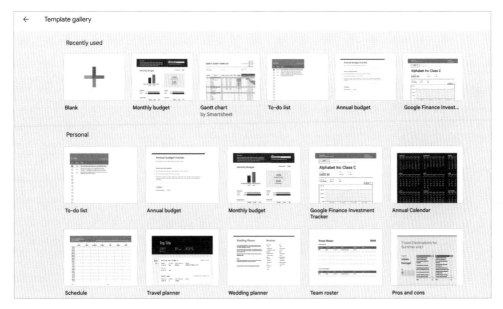

4. 我們這裡直接點 Blank 開啟一個空白試算表，進來後就可以直接操作了。

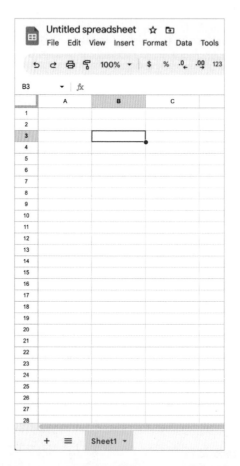

5. 上面是標題，中間是功能頁以及操作，操作資料的地方等，介面和某辦公軟體幾乎一模一樣，就不贅述了。

12.4 colab Jupiter 使用 google sheets

驗證身份

1. 輸入 python 程式碼。

```
# 引入授權模組並進行授權
from google.colab import auth
auth.authenticate_user()

# 引入 gspread 模組
import gspread

# 引入 google.auth 模組中的 default 方法
from google.auth import default

# 使用 default 方法獲取驗證信息，並將其儲存在 creds 變數中
creds, _ = default()

# 使用 creds 變數授權 gspread 模組，並將傳回的授權對象儲存在 gc 變數中
gc = gspread.authorize(creds)
```

2. 執行 ▶。

要允許這個筆記本存取你的 Google 憑證嗎？

這項操作會允許在這個筆記本中執行的程式碼存取你的 Google 雲端硬碟和 Google Cloud 資料。授予存取權之前，請先查看這個筆記本中的程式碼。

不用了，謝謝　　　允許

3. 點允許。

4. 選自己帳號。

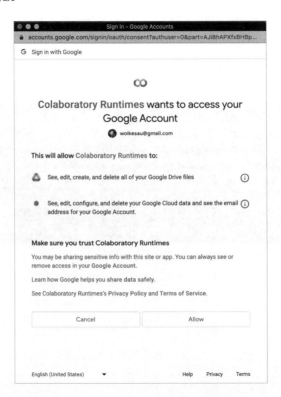

5. 點 Allow。

6. 驗證成功。

12.5 google sheets API 實作

使用 google sheets 資料

1. 先開一個 google sheets。

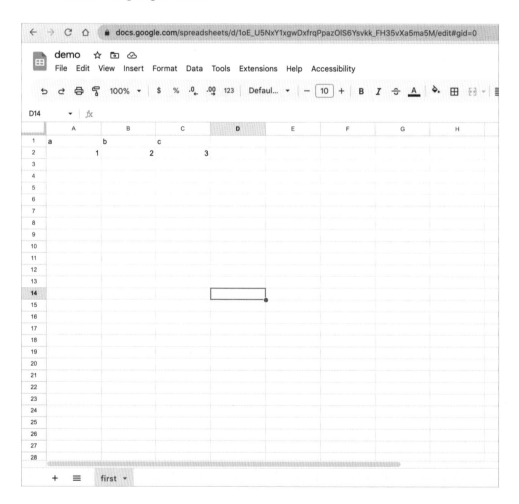

2. 回到 colab Jupiter。

3. 取得文件物件輸入 sheets ID 如前一章操作 google sheets API 所示。

```
# 透過 gc 打開 key 為 '1oE_U5NxY1xgwDxfrqPpazOlS6Ysvkk_FH35vXa5ma5M' 的工作簿，並將傳回
的工作簿對象儲存在 workbook 變數中
workbook = gc.open_by_key('1oE_U5NxY1xgwDxfrqPpazOlS6Ysvkk_FH35vXa5ma5M')
```

4. 取得工作表。

```
# 獲取工作簿中的所有工作表，並將它們儲存在 sheets 變數中
sheets = workbook.worksheets()
```

5. 取得第一個工作表。

```
# 獲取工作簿中索引為 0 的工作表，並將其儲存在 sheet 變數中
sheet = workbook.get_worksheet(0)
```

6. 取得第 1, 1 欄位值。

```
sheet.cell(1, 1).value
# `b`
```

13 資料預測

13.1 學習目標／演練成果

操作 Colab 使用 Google Sheets 上的資料,做一個線性迴歸預測。

13.2 線性回歸實作

在機器學習中,線性回歸是最基本且最常見的應用之一。在這個實作中,我們將使用 Google Sheets 中的數據,並通過 Google Colab 進行預測。這是一個非常常見的應用開發流程。

步驟

1. 開啟一個 google sheets。

2. 輸入某超商的來客數資料。

   少了 21 點鐘,就是晚上九點鐘,等等來做預測。

	A	B
1	時間	人數
2	1	56
3	2	33
4	3	46
5	4	14
6	5	20
7	6	67
8	7	103
9	8	150
10	9	120
11	10	184
12	11	182
13	12	392
14	13	263
15	14	163
16	15	166
17	16	106
18	17	174
19	18	161
20	19	104
21	20	184
22	22	104
23	23	106
24	24	35

3. 打開 colab 輸入程式碼

```
# 引入授權模組並進行授權
from google.colab import auth
auth.authenticate_user()

# 引入 gspread 模組
import gspread

# 引入 google.auth 模組中的 default 方法
from google.auth import default

# 使用 default 方法獲取驗證信息，並將其儲存在 creds 變數中
creds, _ = default()

# 使用 creds 變數授權 gspread 模組，並將傳回的授權對象儲存在 gc 變數中
gc = gspread.authorize(creds)

# 透過 gc 打開 key 為 '1oE_U5NxY1xgwDxfrqPpazOlS6Ysvkk_FH35vXa5ma5M' 的工作簿，並將傳回
的工作簿對象儲存在 workbook 變數中
workbook = gc.open_by_key('sheet 的 ID')

# 獲取工作簿中的所有工作表，並將它們儲存在 sheets 變數中
sheets = workbook.worksheets()

# 獲取工作簿中索引為 0 的工作表，並將其儲存在 sheet 變數中
sheet = workbook.get_worksheet(0)
```

4. 按▶驗證完成後。

5. 取得資料。

```
# 獲取第一欄的所有值
time_values = sheet.col_values(1)
people_values = sheet.col_values(2)

# 移除第一個值
time_values.pop(0)
people_values.pop(0)
```

```python
# 將所有值轉換為浮點數
for i in range(len(time_values)):
    time_values[i] = int(time_values[i])
    people_values[i] = int(people_values[i])

# 印出所有的值
print(time_values, people_values)
```

6. 引用 sklearn 做預測。

```python
# 引入 r2_score 評估指標和 numpy 庫
from sklearn.metrics import r2_score
import numpy as np

# 透過 np.polyfit 函式計算出一個三次多項式擬合模型
# time_values 和 people_values 是用於建模的時間序列和人數序列
# coef 是多項式擬合模型的參數，共有四個，分別表示三次項、二次項、一次項和常數項的係數
coef = np.polyfit(time_values, people_values, 3)

# 透過 np.poly1d 函式將多項式擬合模型參數轉換為多項式對象
model = np.poly1d(coef)

# 使用模型預測在 21 點的客人數，並將預測結果保留兩位小數
print(f"21 點來客數預測 = {model(21).round(2)}")
# 21 點來客數預測 = 128.54
```

　　這段程式碼使用 numpy 函式庫中的 polyfit 函式對時間序列和人數序列進行三次多項式擬合，然後使用 poly1d 函式將多項式擬合模型轉換為多項式對象。最後，該程式碼使用 model 多項式對象預測在 21 點的客人數並將預測結果保留兩位小數。

第 2-4 部
DevOps 技術相關基礎學習

14 程式學習篇：模組化

14 程式學習篇：
模組化

14.1 學習目標／演練成果

- 藉由模組化的實作來了解運算思維。

- 藉由制定套件並且上傳 npm 理解如何加快程式應用的開發。

14.2 模組化簡介

這裡也一定要從前面的對話問下去，才能得到正確的解答，因為模組可以解釋的項目也很多。

解釋　模組化。

ChatGPT：在程式開發中，模組化是一個將程式碼分成多個獨立、可重複使用的部分的技術。這種方法可以使開發人員更好地管理和維護代碼，減少代碼的耦合性，增加代碼的可讀性和可維護性。

模組化的目的是將複雜的程式碼分解為更小、更易於管理的部分，以便更容易維護和擴展。這樣的模組可以封裝特定功能，並且可以在需要時被重複使用。

在 Node.js 中，模組化是通過使用模組系統實現的。模組系統允許將代碼分成獨立的文件，每個文件都可以被視為一個模組，並且可以通過 require 函數載入其他模組。

撰寫 Python 自訂模組的步驟為：創建新的 Python 檔案，定義函式和類別，將其保存為模組，使用 import 語句將模組導入應用程式中。

透過模組化的技術，可以有效地將代碼分解為更小、更易於管理的模組，並且可以在需要時將它們組合在一起。這種方式使得程式碼更加模組化，更易於擴展和維護。同時也使得代碼可以更加清晰地組織，並且可以被不同的開發人員和團隊輕鬆地協同工作。

舉例

ChatGPT：舉例來說，假設我們正在開發一個 Web 應用程式，我們可以使用模組化的技術將應用程序分成不同的模組，例如：

路由模組：負責處理客戶端的請求，並將請求路由到正確的控制器中。 控制器模組：負責處理請求和返回對應的響應，並根據需要從數據庫中檢索數據。模型模組：負責定義應用程序的數據模型，並提供數據庫操作的方法。設定模組：負責配置應用程序，例如定義端口號、數據庫連接等。 這些模組可以獨立開發、測試和維護，並且可以在需要時載入和組合在一起，形成一個完整的應用程式。這樣的方式使得代碼更加結構化、可維護性更強，同時也使得不同的開發人員和團隊可以更好地協同工作。

14.3 模組化實作

寫個簡單的程式舉例。

ChatGPT：

以下是一個簡單的 Node.js 模組範例：

在應用程式目錄中創建一個名為 calculator.js 的檔案，並編寫以下程式碼：

```javascript
// 計算器模組

module.exports = {
  add: function(a, b) {
    return a + b;
  },
  subtract: function(a, b) {
    return a - b;
  },
  multiply: function(a, b) {
    return a * b;
  },
  divide: function(a, b) {
    return a / b;
  }
};
```

- python

```python
# 計算器模組

def add(a, b):
  return a + b

def subtract(a, b):
  return a - b

def multiply(a, b):
  return a * b
```

```
def divide(a, b):
  return a / b
```

這是一個簡單的計算器模組，它將四個基本的算術運算封裝在一個對象中。每個方法都接受兩個數字作為參數，並返回計算結果。

接下來，在應用程式的主檔案中使用這個模組。假設應用程式的主檔案名稱為 app.js，在 app.js 中，我們可以載入 calculator 模組，並使用它提供的方法：

- javascript

```
// 應用程式檔案
var calculator = require('./calculator');

console.log('2 + 2 = ' + calculator.add(2, 2));
console.log('5 - 3 = ' + calculator.subtract(5, 3));
console.log('4 * 6 = ' + calculator.multiply(4, 6));
console.log('8 / 2 = ' + calculator.divide(8, 2));
```

- python

```
import calculator

print('2 + 2 =', calculator.add(2, 2))
print('5 - 3 =', calculator.subtract(5, 3))
print('4 * 6 =', calculator.multiply(4, 6))
print('8 / 2 =', calculator.divide(8, 2))
```

這個程式將輸出以下結果：

```
2 + 2 = 4
5 - 3 = 2
4 * 6 = 24
8 / 2 = 4
```

這個範例演示了如何使用模組化的技術將一個複雜的功能（這裡是一個計算器）拆分為更小、更可重複使用的部分，並將它們組合在一起，以實現一個完整的應用程式。

模組化撰寫練習

- 創建一個模組，它導出一個函數，該函數將接受一個數字陣列，並返回
  這些數字的總和。

```
// sum.js 模組
module.exports = function (nums) {
  return nums.reduce((acc, cur) => acc + cur, 0);
};
```

- 創建一個模組，它導出一個函數，該函數將接受一個字串作為參數，並
  返回這個字串的反轉版本。

```
// reverse.js 模組
module.exports = function (str) {
  return str.split('').reverse().join('');
};
```

- 創建一個模組，它導出一個函數，該函數將接受一個物件陣列作為參數，
  並返回這些物件的某個屬性的總和。

```
// sumProp.js 模組
module.exports = function (objs, prop) {
  return objs.reduce((acc, cur) => acc + cur[prop], 0);
};
```

- 創建一個模組，它導出一個函數，該函數將接受一個整數作為參數，並
  返回一個包含這個整數的所有因數的陣列。

```
// factors.js 模組
module.exports = function (n) {
  const factors = [];
  for (let i = 1; i <= n; i++) {
    if (n % i === 0) {
      factors.push(i);
    }
  }
  return factors;
};
```

- 創建一個模組，它導出一個函數，該函數將接受一個數字陣列作為參數，並返回這些數字的平均值。

```
// average.js 模組
module.exports = function (nums) {
  const sum = nums.reduce((acc, cur) => acc + cur, 0);
  return sum / nums.length;
};
```

這些練習題目可以幫助你練習如何將程式碼拆分為更小、更可重複使用的部分，並將它們封裝在一個模組中。通過這些練習，你可以更好地理解模組化的概念，並學習如何在實際應用程式中應用這些技術。

python 部分就由讀者試試做了。

小結

模組化的精神就是這本書的另一個重點「運算思維」所強調的分解問題、識別模式、撰寫成模組後、重複利用。除此之外還有個好處就是將程式碼分解成不同模組後，在日後當系統出錯時，就很容易可以尋找到出錯的部位。

14.4 套件管理工具

前面的模組化，開發好的程式，只能自己使用嗎？當然不是囉？我們可以藉著套件管理工具，去引用別人開發好的套件，或是我們開發好的套件，上傳去給別人使用。

名稱	說明	js 知名套件	Python 知名套件
tool 工具	特定功能。	nodemon, webpack	pipenv, virtualenv, PyInstaller
module 模組	某特定領域的函式集成，可以供呼叫引用。	http, url, querystring, jquery	requests, os, argparse, logging, NumPy
framework 框架	依照其指引開發某特定領域的應用，例如：開發前端網頁。通常範例 code 會有 hello world 跟 todo list。	express, react, vue, angular, botframework	Django, Flask, Pyramid, Tornado, FastAPI

例如 node.js 開發網站要用到 http，url，querystring 等等的 module，但是籍由 express 來開發，就不需要去一個一個引用到上述的 module，開發網站上省時省力很多，但是 http 等等的 module 不是不見了，而是被寫在 express 裡面了。

npm（Node Package Manager）和 pip（Python Package Index）

npm 和 pip 有什麼相同和不同之處？

ChatGPT：npm 和 pip 都是套件管理工具，用於管理各自的開發生態系統中的套件。以下是它們的相同和不同之處：

相同之處：

- 用於下載、安裝、更新和刪除套件。

- 可以搜尋公共套件庫中的套件。

- 可以透過命令列介面執行操作。

不同之處：

- 開發生態系統：npm 主要用於 Node.js 開發，而 pip 主要用於 Python 開發。

- 語法：npm 的命令是以 npm 開頭的，如 npm install、npm uninstall 等；而 pip 的命令是以 pip 開頭的，如 pip install、pip uninstall 等。

- 套件庫：npm 使用的是 npm registry，而 pip 使用的是 PyPI（Python Package Index）。

- 版本號：npm 使用的是 SemVer（Semantic Versioning）規範，而 pip 則使用 PEP（Python Enhancement Proposal）規範。

- 語言：npm 使用的是 JavaScript 語言，而 pip 使用的是 Python 語言。

小結

　　總體而言，雖然 npm 和 pip 都是套件管理工具，但由於它們針對的開發語言和生態系統不同，因此在某些方面存在差異。如果你在 Node.js 開發中使用 npm，而在 Python 開發中使用 pip，那麼你需要理解它們之間的差異。除此之外，當我們開發別的程式語言或是工具的時候，該程式語言也都有對應生態系的套件管理工具。

　　例如：

- apt：Ubuntu 和 Debian 等 Linux 發行版中的套件管理工具，可以用於安裝和管理系統軟體。

- Homebrew：Mac OS X 的套件管理工具，可以用於安裝和管理 Mac OS X 的應用程序和軟體。

- Chocolatey：Windows 的套件管理工具，可以用於安裝和管理 Windows 上的應用程序和軟體。

- Docker Compose：是 Docker 官方提供的工具，用於定義和運行多個 Docker 容器的應用。

- Helm：是 Kubernetes 的套件管理工具，可以用於簡化 Kubernetes 的部署和管理。

- Maven：是 Java 開發的一個項目管理和構建工具，可以用於管理 Java 項目的依賴和構建。

- NuGet：是微軟開發的一個套件管理工具，可以用於管理 .NET 平台上的依賴和套件。

- Composer：是 PHP 開發的一個套件管理工具，可以用於管理 PHP 項目的依賴和套件。

- RubyGems：是 Ruby 開發的一個套件管理工具，可以用於管理 Ruby 項目的依賴和套件。

第3部分 演練

 # 15　協作開發廣篇

15.1　學習目標／演練成果

學習利用詠唱技巧，就算對於目標程式不夠熟悉，也可以獲得所需要的答案。

15.2　指令詢問 – terminal

人的腦力有限，實在無法將過往學過的指令給記住，以前當忘記什麼指令要查找的時候，只能 Google 或是到 Stackoverflow 查找，很可能找了半天還是一無所獲，但現在透過 ChatGPT 速度變很快。

mac terminal

💡 思維：誰能處理這個問題。

扮演 mac 的 terminal 專家，讓我可以詢問指令。

ChatGPT：當然，我可以幫助你解決關於 macOS Terminal 的問題。請隨時提出你的問題和需要的指令，我會盡力回答和提供相關幫助。

表列出圖片檔

表列出圖片檔。

ChatGPT：要列出目前目錄下的所有圖片檔案，您可以使用以下指令：

```
ls *.jpg *.png *.gif
```

這條指令會使用 ls 命令來列出當前目錄下所有的檔案，並且只顯示檔名以 .jpg、.png 或 .gif 結尾的檔案。如果您還想顯示其他類型的檔案，只需在命令中添加相應的檔案類型即可。

刪除當前目錄下的所有檔案及目錄

刪除所有檔案。

ChatGPT：

警告：這是一個極端危險的指令，如果不小心使用可能會刪除你的所有檔案，包括系統檔案。請不要輕易使用此指令。

💡 思維：ChatGPT 搞錯我的意思了，幸好還會秀出警告，修改這個問題重新發問，不要往下發問，因為 context 已經被污染了，ChatGPT 會一直認為你就是要把這個系統全刪掉。

刪除當前目錄下的所有檔案及目錄。

要刪除當前目錄下的所有檔案和目錄，你可以使用下面的指令：

```
rm -rf ./*
```

這個指令使用 rm 命令來刪除檔案和目錄，-r 選項表示遞迴地刪除目錄及其子目錄，-f 選項表示強制刪除，避免出現刪除時的提示。通過 ./*，表示刪除當前目錄下的所有檔案和目錄，但不包括隱藏檔案和目錄（以 "." 開頭的檔案或目錄）。

請注意，這個指令會刪除當前目錄下的所有檔案和目錄，包括重要檔案，請務必小心使用，並確認你要刪除的檔案和目錄。

建立目錄

建立每個月及日的所有資料夾並依照月日命名，例如 04 月 01 日 12 月 30 日。

ChatGPT：您可以使用以下指令在當前目錄下建立每個月和日的資料夾：

```
for m in {1..12}; do
    for d in {1..31}; do
        mkdir -p "$(printf '%02d' "$m")-$(printf '%02d' "$d")"
    done
done
```

這條指令會使用兩個 for 迴圈分別迭代 1 到 12 的月份和 1 到 31 的日期，並使用 printf 函數將月份和日期格式化為兩位數，例如 04、12、30。然後使用 mkdir -p 命令建立以月份和日期命名的資料夾，-p 選項會自動建立中間的資料夾（如果需要的話）。需要注意的是，這個指令會在當前目錄下建立 12 * 31 = 372 個資料夾，這可能會花費一些時間和系統資源。如果您只需要建立特定範圍的日期資料夾，可以修改 for 迴圈的範圍來限制日期的範圍。

思維：發現小月變成有 31 天了！

再問下去：

這個指令小月變成 31 天了，如何下指令去掉多的天數？

ChatGPT：如果要將指令修改為跳過小月的 31 天以外的多餘天數，可以使用 Bash shell 的 if 條件語句來檢查每個月份的天數，然後只創建存在的天數目錄。以下是修改後的指令：

```
for m in {1..12}; do
    if [[ $m -eq 2 ]]; then
        days=28
    elif [[ $m -eq 4 || $m -eq 6 || $m -eq 9 || $m -eq 11 ]]; then
        days=30
    else
        days=31
    fi
    for d in $(seq 1 $days); do
        mkdir -p "$(printf '%02d' "$m")-$(printf '%02d' "$d")"
    done
done
```

💡 思維：但一個小問題，我一開始要的是 04 月 01 日，但現在是 04-01，不管我怎麼問 ChatGPT 都不會幫我變成 04 月 01 日，猜測應該還是跟中文理解有關，暫時無解，所以讀者還是自己懂程式結構，才知道從哪裡改。

改成月日。

```
mkdir -p "$(printf '%02d' "$m")月$(printf '%02d' "$d")日"
```

不確定的事情問問看

可以從 terminal 做圖片檔案格式的操作嗎？例如：縮放大小旋轉。

ChatGPT：是的，您可以使用 Terminal 來執行圖片檔案格式的操作，例如縮放、大小和旋轉。以下是一些常用的指令：

縮放圖片大小：您可以使用 sips 指令來縮放圖片的大小。以下是一個縮小圖片大小到 50% 的範例：

```
sips -Z 50 /path/to/image.jpg
```

💡 思維：問了才知道，圖片檔案的操作，居然還是原生支援。

可以從 terminal 做影片檔案的操作嗎？例如：剪輯。

ChatGPT：是的，你可以使用 macOS Terminal 進行影片檔案的操作，包括剪輯、轉換格式、編解碼等等。

以下是一些常用的指令：

剪輯影片：使用 ffmpeg 指令可以剪輯影片，例如：

```
ffmpeg -i input.mp4 -ss 00:00:10 -t 00:00:30 -c copy output.mp4
```

💡 思維：下指令之後發現有錯誤訊息，再問下去。

錯誤訊息 -bash: ffmpeg: command not found

ChatGPT：這個錯誤訊息表示你的系統沒有安裝 ffmpeg 工具。你需要先安裝 ffmpeg 才能使用它的指令進行影片操作。

你可以使用 Homebrew 來安裝 ffmpeg，只需要在終端機中輸入以下指令：

```
brew install ffmpeg
```

這個指令會下載、安裝和設置 ffmpeg 工具，讓你可以在終端機中使用相關指令。

安裝完成後，你可以再次執行之前的指令來進行影片操作。

小結

雖然大家習慣 GUI 介面的操作，但是活用 terminal 指令，是可以幫助你省下很多功夫的。但是我們實在是記不得這麼多的指令，這個時候就可以直接問 ChatGPT 了。

15.3 正規表達式詢問 - 正規表達式

扮演一位正規表達式專家。

ChatGPT：好的，我將扮演一位正規表達式專家。請問你有什麼關於正規表達式的問題需要解答嗎？

解釋 什麼是正規表達式？

ChatGPT：正規表達式（Regular Expression，簡稱 regex 或 regexp）是一種用於描述字串模式的形式語言。正規表達式通常用於搜尋、替換和解析文本資料。

正規表達式由一些字元和特殊符號構成，這些字元和符號描述了一個或多個字元的模式。例如，[a-z] 表示一個小寫字母，，，+ 表示一個或多個前一個字元或子表達式。

正規表達式可以非常複雜，可以描述非常特定的字串模式。在應用程序中，正規表達式通常用於驗證用戶輸入、搜尋資料庫、處理日誌檔案等等。正確使用正規表達式可以大大簡化處理字串的工作。

舉例　正規表達式的樣式。

ChatGPT：

以下是一些正規表達式的樣式：

- [a-z]+: 表示一個或多個小寫字母。

- \d{3}-\d{2}-\d{4}: 表示一個美國社會安全號碼，格式為 XXX-XX-XXXX。

- ^([a-zA-Z0-9_\.-]+)@([a-zA-Z0-9_\.-]+)\.([a-zA-Z\.]{2,6})$: 表示一個電子郵件地址。

- \b(\w+)\b\s+\1\b: 表示一個重複單詞，例如 "the the" 或 "cat cat"。

這些只是正規表達式的簡單例子。實際上，正規表達式可以非常複雜，可以描述非常特定的字串模式。正確使用正規表達式可以大大簡化處理字串的工作。

正規表達式可以做哪些應用？

ChatGPT：

正規表達式在文本處理中有廣泛的應用，以下是一些常見的應用場景：

- 文本匹配和搜尋：正規表達式可以用於搜尋符合某個模式的文本。例如，可以用正規表達式搜尋所有包含特定關鍵字的句子。

- 格式驗證：正規表達式可以用於驗證輸入是否符合指定的格式。例如，可以用正規表達式驗證電子郵件地址、手機號碼等是否合法。

- 字符串替換：正規表達式可以用於在文本中查找並替換符合某個模式的字符串。例如，可以用正規表達式將所有以某個單詞開頭的句子替換為另一個單詞開頭的句子。

■ 解析和提取：正規表達式可以用於解析文本資料並提取所需的訊息。例如，可以用正規表達式從日誌檔案中提取日期、時間等信息。

總之，正規表達式是一種強大的工具，可以用於解決許多文本處理中的問題。

筆者補充

正規表達式，會用的話真的非常方便，例如以字串搜尋來說：假設我們有一個字串 text，內容為 "Beside me, there seems to be a side table with a lamp on it."，我們想搜尋是否包含單詞 "side" 出現的次數，可以使用以下正規表達式：

```
const sentence = "Beside me, there seems to be a side table with a lamp on it.";
const pattern = /\bside\b/g;
const matches = sentence.match(pattern);

console.log(matches.length);
```

如果使用 string.indexOf 函式來撰寫一樣的功能：

```
const sentence = "Beside me, there seems to be a side table with a lamp on it.";
const substring = "side";
let count = 0;

let index = sentence.indexOf(substring);

while (index !== -1) {
  count++;
  index = sentence.indexOf(substring, index + 1);
}
console.log(count);
```

為了完成一樣的功能，程式碼就多了起來。

雖然**正規表達式**很好用，但是他的撰寫方式非常的不直覺。

但現在直接問 ChatGPT 就好了。

💡 思維：誰能處理這個問題？

扮演一位正規表達式專家。

ChatGPT：好的，我將扮演一位正規表達式專家。請問你有什麼關於正規表達式的問題需要解答嗎？

驗證電子郵件

ChatGPT：要驗證一個電子郵件是否合法，可以使用正規表達式來進行驗證。以下是一個基本的正規表達式，可以用來驗證一個電子郵件是否符合基本的格式：

```
^[a-zA-Z0-9._%+-]+@[a-zA-Z0-9.-]+\.[a-zA-Z]{2,}$
```

小結

還有專門的書在講 regex，你看這個有多難懂，但之後，不用懂，會問就好。

15.4 Excel - Excel 函數

扮演一位 excel 專家解釋 excel 函數。

ChatGPT：Excel 函數是一種計算工具，可用於執行數學、統計、文字、日期和時間等各種操作。Excel 中有超過 400 個不同的內置函數，可以在公式中使用。

Excel 函數通常由函數名稱、括號和一些參數組成。例如，SUM 函數是用於加總一系列數值的函數。在公式中，SUM 函數通常使用以下語法：

```
=SUM(A1:A10)
```

其中，A1:A10 是要加總的數值範圍。這個公式將計算 A1 到 A10 儲存格中的數值總和。

除了 SUM 函數外，還有許多其他有用的函數。例如，IF 函數可用於執行條件測試，VLOOKUP 函數可用於查找和檢索資料表中的數據，以及 COUNTIF 函數可用於計算符合特定條件的儲存格數量。

Excel 函數非常強大，可以讓您以更有效的方式處理和分析大量數據。通過深入了解不同的函數，您可以更快速、更精確地完成各種 Excel 任務。

函數的組成結構？

ChatGPT：

Excel 函數由以下三個主要組成部分組成：

- 函數名稱：每個函數都有一個獨特的名稱，用於識別該函數。例如，SUM 函數的名稱是 "SUM"。

- 參數：函數需要一些輸入數據，稱為參數。這些參數是用括號括起來的，並以逗號分隔。每個函數都有不同數量和類型的參數。例如，SUM 函數需要一個或多個範圍，例如 "SUM(A1:A10)"，這些範圍是 SUM 函數的參數。

- 返回值：函數會根據輸入的參數進行計算，然後返回一個結果值。該結果值可以是數字、文字、日期或其他類型的數據。例如，SUM 函數返回所傳入範圍的總和。

因此，Excel 函數可以表示為以下形式：

```
= 函數名稱 ( 參數 1, 參數 2, ... )
```

其中，等號表示這是一個公式，函數名稱是要使用的函數，而括號中的參數則是用於計算函數的輸入值。

筆者補充

- 從函數的組成結構，可以發現和程式常用的函式，其實是很相近的；只是說參數的部分，在寫程式的時候必須先要有宣告，但是 excel 函數，可以說是將宣告的部分，放在試算表的儲存格上，函數引用時，直接去指定儲存格的位置，就可以了。例如：

試算表：

javascript：

```
let A1 = 1
let A2 = 2

let SUM = (a,b)=>a+b;
let B1 = SUM(A1,A2);
```

- excel 函數和 google sheets 函數，基本上是互通的。

公式詢問

雖然 ChatGPT 無法知道我們試算表上的資料內容，但我們只要描述清楚，ChatGPT 就可以給我們正確的公式了。

加總

例如前述加總的公式。

求公式：B2 到 B24 儲存格中的數值總和。

ChatGPT：

要計算 B2 到 B24 儲存格中的數值總和，您可以使用 SUM 函數。請將以下公式輸入到任何一個儲存格中，即可獲得總和：

```
=SUM(B2:B24)
```

這個公式告訴 Excel 加總 B2 到 B24 儲存格中的所有數值。您可以將公式放在其他儲存格中，並將範圍更改為您需要計算的範圍。

B25	▼	*fx* =SUM(B2:B24)

儲存格格式化

B Col 是人數儲存格人數 < 50 背景顏色紅色公式要怎麼下。

ChatGPT：您可以使用 Excel 的條件格式功能來實現此操作。請按照以下步驟執行：

1. 選擇 B 列中的所有儲存格。

2. 開啟「條件格式」選單，並選擇「新規則」。

3. 在彈出的對話框中，選擇「使用公式來決定要格式化的儲存格」選項。

4. 在公式框中輸入以下公式：=B1<50 （假設第一個儲存 5 格為 B1，如果不是請調整公式中的儲存格位置）。

5. 按下「格式」按鈕，選擇您想要的背景顏色，例如紅色。

6. 按下「確定」完成設置。

現在，如果 B 列中的任何一個儲存格的數值小於 50，則其背景顏色會自動更改為紅色。

	A	B
1	時間	人數
2	1	56
3	2	33
4	3	46
5	4	14
6	5	20
7	6	67
8	7	103
9	8	150
10	9	120
11	10	184
12	11	182
13	12	392
14	13	263
15	14	163
16	15	166
17	16	106
18	17	174
19	18	161
20	19	104
21	20	184
22	21	128
23	22	104
24	23	106
25	24	35
26		3061

跨頁

有兩個工作表：工作表 people 的 B 列是人數，工作表 cost 的 B 列是消費金額，想要求消費金額除人數公式要怎麼下。

ChatGPT：

您可以在工作表 cost 的 C 列中輸入以下公式：=B2/People!B2，然後將此公式向下填充到所有需要計算的行。此公式會從 people 工作表的 B 列獲取人數，並從 cost 工作表的 B 列獲取消費金額，然後將二者相除，計算出每個人的平均消費金額。

只要到小數點第二位。

ChatGPT：

您可以在工作表 cost 的 C 列中輸入以下公式：=ROUND(B2/People!B2, 2)，然後將此公式向下填充到所有需要計算的行。此公式與前述公式相同，只是加上了 ROUND 函數，並將小數點四捨五入到第二位。

小結

只要將問題描述清楚並且利用正確的詠唱策略就可以獲得正確的解答。

	時間	消費金額	客單價
1			
2	1	5221	93.23
3	2	3516	106.55
4	3	1968	42.78
5	4	2860	204.29
6	5	4796	239.8
7	6	10716	159.94
8	7	18257	177.25
9	8	16731	111.54
10	9	13711	114.26
11	10	13369	72.66
12	11	19592	107.65
13	12	23362	59.6
14	13	17184	65.34
15	14	12020	73.74
16	15	13711	82.6
17	16	10716	101.09
18	17	14512	83.4
19	18	17174	106.67
20	19	19592	188.38
21	20	16573	90.07
22	22	16054	125.42
23	23	14512	139.54
24	24	10736	101.28

16 協作開發深篇

16.1 學習目標／演練成果

- LINE 聊天機器人專案建置。

- 練習運算思維。

- 練習詠唱技巧。

16.2 目標：開發一個具有 NLU 能力且能查詢天氣的 LINE Bot

從一個萬年老題目開始吧。

錯誤示範

開發一個具有 NLU 能力且能查詢天氣的 LINE Bot。

ChatGPT：

⋯ 回應一大堆內容，跟著做也是串不起來的。

16.2.1 工作項目拆分

💡 思維：運用運算思維先拆分工作。

- LINE Bot

- NLU

- call weather api

💡 思維：發現其實需要研究的內容其實蠻複雜的，要是不夠熟捻的話，可以詢問 ChatGPT 的建議。

誰能？

💡 思維：先確認關於開發一個具有 NLU 能力且能查詢天氣的 LINE Bot，誰可以幫助我們將程式工作項目拆分？

自然就是程式產品經理

扮演一位程式 PM 描述程式 PM 的工作內容。

ChatGPT：

作為程式 PM，您的工作是負責協調、管理和監督軟體開發團隊的工作，以確保項目能夠按時、按預算和符合要求地完成。以下是程式 PM 的一些工作內容：

計劃和預算：您需要制定計劃和預算，並確定項目的範圍、時間表、里程碑和關鍵成果。您還需要監督和管理項目預算，確保開銷符合預算。

團隊管理：您需要協調和管理團隊的工作，包括開發人員、測試人員、UI/UX 設計師和其他相關人員。您需要確保團隊成員明確了解項目目標、要求和時間表，並協調他們的工作，以確保項目能夠按時完成。

項目管理：您需要監督項目的進度，並確保團隊成員按時交付項目成果。您需要確保所有問題和風險得到及時解決，以確保項目能夠順利進行。

質量管理：您需要監督項目的質量，並確保所有產品符合要求。您需要與測試團隊合作，確保所有問題都得到解決。

溝通管理：您需要與各方溝通，包括開發團隊、項目贊助人、管理層和其他相關方。您需要確保他們明確了解項目目標、時間表和成果，並即時通報任何進展或問題。

總的來說，程式 PM 的工作是確保項目成功完成，並確保所有利益相關者都明確了解項目目標、時間表和成果。

💡 思維：確認能做項目管理後，再請 PM 將開發目的拆分成各個項目。

目的：開發一個具有 NLU 能力且能查詢天氣的 LINE Bot - NLU 用 OpenAI API - 查詢天氣用中央氣象局 API 將上述拆分成各個項目以方便追蹤管理。

ChatGPT：

這個項目可以拆分為以下幾個子項目，以方便追蹤管理：

1. 開發 LINE Bot。

▪ 設計 LINE Bot 的使用者介面和互動流程。

▪ 實現 LINE Bot 的後端服務，包括註冊 LINE Bot 帳號、與 LINE API 進行對話、接收和解析用戶輸入等。

2. 開發 NLU 功能。

▪ 研究 OpenAI 的 API，了解其能力和限制。

▪ 設計和實現 NLU 模型，包括訓練和調試。

▪ 開發查詢天氣功能。

3. 研究中央氣象局的 API，了解其能力和限制。

▪ 設計和實現查詢天氣的後端服務，包括調用中央氣象局 API、解析和回應用戶請求等。

4. 整合 NLU 和查詢天氣功能。

▪ 設計和實現整合後的功能，包括解析用戶請求、判斷意圖、調用相應的功能模塊、回應用戶等。

5. 測試和驗證。

▪ 設計和實現自動化測試腳本，以確保程式的穩定性和準確性。

- 進行測試和驗證，包括單元測試、集成測試、系統測試、性能測試和安全測試等。

6. 部署和維護。

- 部署程式到線上環境，包括伺服器配置、域名解析等。

- 監控程式的運行狀態，定期優化程式性能，以確保良好的用戶體驗和可用性。

- 處理和解決用戶報告的問題和錯誤，並維護程式的正常運行。

以上是開發具有 NLU 能力且能查詢天氣的 LINE。

💡 思維：ChatGPT PM 將工作項目拆分得非常好，就一步一步按工作項目研究及實作吧。

16.2.2 開發 LINE Bot

誰能？

💡 思維：先確認關於 [開發 LINE Bot]，誰可以幫助我，再向他提問。

扮演一位程式專家，教我開發 LINE Bot。

ChatGPT：

當然，我很樂意教你如何開發 LINE Bot ！

首先，你需要準備以下材料：

- LINE 帳號和通道：首先你需要有一個 LINE 帳號，然後創建一個 LINE Bot 的通道，這個通道將允許你發送和接收消息。

- 開發環境：你需要一個能夠開發 LINE Bot 的編輯器，例如 Visual Studio Code 或 PyCharm。

- 一些程式語言的知識：開發 LINE Bot 需要使用程式語言，例如 Python、Java、Node.js 等等。

接下來，你可以按照以下步驟進行開發：

1. 安裝 LINE Bot SDK：LINE Bot SDK 是一個開發 LINE Bot 的軟件開發套件，可以在多種語言中使用。你需要在你的開發環境中安裝相應的 SDK。

2. 創建 LINE Bot：你需要創建一個 LINE Bot，並為其分配一個通道 ID 和密鑰。這些資訊將用於發送和接收消息。

3. 編寫代碼：使用你選擇的程式語言編寫代碼，實現 LINE Bot 的功能。你可以使用 SDK 提供的功能來處理消息、回覆消息、處理事件等等。

4. 部署代碼：將你的代碼部署到一個可以運行的服務器上，例如 Heroku、AWS 或 GCP。你需要將你的 LINE Bot 的 Webhook 設置為你部署的服務器地址。

5. 測試 Bot：現在你的 LINE Bot 已經可以運行了！你可以使用 LINE 帳號向它發送消息，並驗證它的回覆是否符合你的期望。

希望這些步驟能幫助你開發一個成功的 LINE Bot！如果你有任何問題，請隨時向我提問。

LINE 開發者帳號申請

💡 思維：可以看到 ChatGPT 已經幫我們拆解任務，我們從第一點開始一步一步提問。

關於 LINE 帳號和通道要怎麼創建。

ChatGPT：

創建 LINE 帳號和通道的步驟如下：

1. 下載並安裝 LINE 應用程式：你可以在 App Store 或 Google Play 下載 LINE 應用程式。安裝完成後，請按照指示註冊一個新的 LINE 帳號。

2. 登錄 LINE Developers：打開網頁瀏覽器，進入 LINE Developers 網站（https://developers.line.biz/zh-hant/）。

3. 創建新的 Provider： 在 LINE Developers 網站上創建一個新的
   Provider，該 Provider 可以讓你創建一個或多個 LINE Bot。點擊「創建
   Provider」，然後輸入相關資訊，例如 Provider 名稱、郵件地址、公司
   名稱等等。

4. 創建新的 Messaging API 通道：在 Provider 頁面上，點擊「創建新的
   通道」，選擇「Messaging API」，然後輸入相關信息，例如通道名
   稱、通道圖片、語言等等。完成後，系統會自動生成一個 Channel ID 和
   Channel Secret。

5. 設置 Webhook URL：在 Messaging API 通道設置頁面中，你需要設
   置 Webhook URL。Webhook URL 是一個 HTTP 或 HTTPS URL，用於
   接收 LINE Bot 收到的事件和消息。你需要將 Webhook URL 設置為你
   的 LINE Bot 服務的 URL。如果你還沒有準備好服務器，可以先跳過這
   一步。

6. 創建 LINE Bot：在 Messaging API 通道設置頁面中，你可以點擊「添
   加好友」按鈕，然後掃描 LINE Bot 的 QR 碼，將 LINE Bot 添加為好
   友。或者，你也可以使用 LINE Bot 的 Channel ID 在 LINE 應用程式中
   搜索 LINE Bot，然後添加為好友。

完成這些步驟後，你就成功創建了一個 LINE Bot！現在你可以開始編寫
LINE Bot 的代碼並部署到你的服務器上，以實現你的 LINE Bot 功能。

實作

1. 點擊 LINE Developers。

2. 點 Login。

Log in

3. 直接用你的 LINE 帳號登入。

4. 如果是第一次註冊，應該會是空的。

5. 點 Create new provider。

6. Provider name 可以先填 demo。

7. 點 Confirm 送出。

8. 進來後點 Create a new channel。

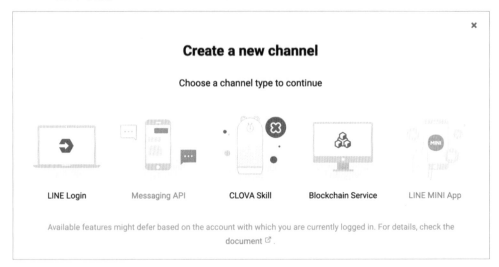

9. 目前 LINE 有多種服務可以開發，選 Messaging API 送出。

10. 進來後，就是 LINE Bot 的基本資料的填寫。

11. Company or owner's country or region（國家）：可以選 Taiwan。

12. Channel icon（LINE Bot 的大頭貼）：是選填的，可以上傳你喜歡的照片。

13. Channel name（LINE Bot 的名字）：填想要取的名字。

14. Channel description（LINE Bot 的說明）：填關於這個 LINE Bot 的相關說明。

15. Category（主分類）。

16. Subcategory（次分類）。

17. Privacy policy URL 隱私權政策的網址：選填。

18. Terms of use URL 使用條款：選填。

19. I have read and agree to the LINE Official Account Terms of Use：必需打勾。

20. I have read and agree to the LINE Official Account API Terms of Use：必需打勾。

21. 填完後，點 Create。

Create a Messaging API channel with the following details?

Channel name : demo
Official Account name : demo
Provider : demo

- If you proceed, an official account will be created with the same name as the messaging API channel above.
- You cannot change the channel provider after the channel is created. Make sure that the provider and official account owner are the same individual developer, company or organization.
- For the handling of LINE user information, please refer to User Data Policy ⟋ .

Cancel	OK

22. 看一看，點 OK。

同意我們使用您的資訊

LINE Corporation（下稱「LINE」）為了完善本公司服務，需使用企業帳號（包括但不限於 LINE 官方帳號及其相關 API 產品;以下合稱「企業帳號」）之各類資訊。若欲繼續使用企業帳號，請確認並同意下列事項。
■ **我們將會蒐集與使用的資訊**
- 用戶傳送及接收的傳輸內容（包括訊息、網址資訊、影像、影片、貼圖及效果等）。
- 用戶傳送及接收所有內容的發送或撥話格式、次數、時間長度及接收發送對象等（下稱「格式等資訊」），以及透過網際協議通話技術（VoIP；網路電話及視訊通話）及其他功能所處理的內容格式等資訊。
- 企業帳號使用的 IP 位址、使用各項功能的時間、已接收內容是否已讀、網址的點選等（包括但不限於連結來源資訊）、服務使用紀錄（例如於 LINE 應用程式使用網路瀏覽器及使用時間的紀錄）及隱私權政策所述的其他資訊。
■ **我們蒐集與使用資訊並提供給第三方的目的**
上述資訊將被用於（i）避免未經授權之使用；（ii）提供、開發及改善本公司服務；以及（iii）傳送廣告。
此外，我們可能會將這些資訊分享給 LINE 關係企業或本公司的服務提供者及分包商。
如果授予此處同意的人不是企業帳號所有人所授權之人，請事先取得該被授權人的同意。如果 LINE 接獲被授權人通知表示其未曾授予同意，LINE 得中止該企業帳號的使用，且不為因此而生的任何情事負責。

同意

23. 看一看,點同意。

24. 新增 LINE Bot 完成。

25. 到 Messaging API 頁,可以看到 Bot ID 以及 QR code,可以先加好友。

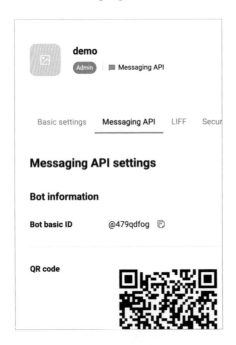 

26. 會看到 LINE 預設的訊息跳出。

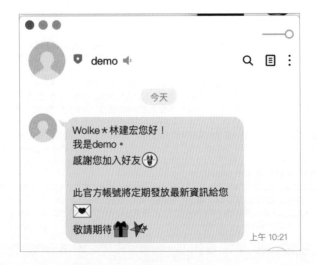

27. 輸入任何文字只會看到預設的訊息跳出。

28. 接著到 Messaging API 頁，可以看到 Webhook settings 而 Webhook URL 還是空著的。

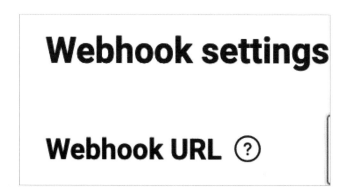

29. LINE Bot 就是依靠 webhook 來和我們的後端解決方案作溝通，下一步來用 codesandbox 建置 LINE Bot 伺服器。

30. 但先將下面的 LINE Official Account features 裡的 Auto-reply messages，Greeting messages 都設為 Disable，就不會跳出預設訊息了。

LINE Official Account features

Edit the message text and other settings for these features in the LINE Official Account Manager

Allow bot to join group chats ⑦	Disabled	Edit ⌕
Auto-reply messages ⑦	Enabled	Edit ⌕
Greeting messages ⑦	Enabled	Edit ⌕

31. 點其中一個 Edit 會另開新頁至 LINE Offical Account Manager。

回應設定

基本設定

回應模式	● **聊天機器人**	
	可使用自動回應訊息及Webhook功能。	
	◐ **聊天**	
	可使用聊天、自動回應訊息及智慧聊天功能。	
加入好友的歡迎訊息	◐ 啟用	
	● 停用	
	加入好友的歡迎訊息設定	

進階設定

自動回應訊息	◐ 啟用	
	● 停用	
	自動回應訊息設定	
Webhook	● 啟用	
	◐ 停用	
	Messaging API設定	

32. 設定成如上就可以了。

開發環境

💡 思維：ChatGPT 告訴我們第二步要用上開發環境了，所以⋯

我可以用線上編輯器開發嗎？

ChatGPT：

是的，你可以使用線上編輯器開發 LINE Bot。線上編輯器是一種在網頁瀏覽器中運行的編輯器，可以讓你編寫和調試程式碼，而無需在本地安裝任何軟件。

以下是一些常用的線上編輯器：

- Glitch：Glitch 是一個免費的在線編輯器，可以幫助你快速建立並部署 Node.js 應用程式。它支持將應用程式部署到 Heroku、GitHub 和 Google App Engine 等平台上。

- Repl.it：Repl.it 是一個集成式開發環境（IDE），支持多種編程語言，包括 Python、JavaScript、Ruby、C++ 等等。你可以在線上編輯器中編寫代碼，並在其中運行和測試你的 LINE Bot。

- CodeSandbox：CodeSandbox 是一個在線 React 開發環境，可以幫助你快速建立和部署 React 應用程式。它支持多種編輯器，包括 VS Code、Sublime Text 和 Vim 等等。

- StackBlitz：StackBlitz 是一個在線 JavaScript 開發環境，可以幫助你快速建立和部署 JavaScript 應用程式。它支持多種編程語言和框架，包括 Angular、React、Vue.js 等等。

以上這些線上編輯器都非常強大，而且使用起來非常方便，你可以根據自己的需要選擇一個適合自己的編輯器進行開發。

💡 思維：ChatGPT 也有推薦本書所使用的 CodeSandbox，再來請 ChatGPT 一步一步教我們。

我用 CodeSandbox 開發好了。可以一步一步教我怎麼編寫程式碼嗎？

ChatGPT：

當然可以，以下是幾個重要的步驟，以使用 CodeSandbox 編寫 LINE Bot
程式碼為例：

1. 創 建 新 的 Sandbox： 打 開 CodeSandbox 網 站 後， 點 擊 Create
   Sandbox 按鈕創建一個新的 Sandbox。

2. 選擇編程語言和框架：在進入 Sandbox 後，選擇你想要使用的編程語言
   和框架。如果你想使用 Node.js，可以選擇 Node.js 框架。

3. 安 裝 必 要 的 模 組： 在 你 開 始 編 寫 程 式 碼 之 前， 你 需 要 安 裝 一 些 必 要
   的 模 組。 你 可 以 在 terminal 中 輸 入 指 令 npm install @line/bot-sdk
   express，然後等待安裝完成。

4. 編寫程式碼：現在，你可以開始編寫 LINE Bot 程式碼了。你可以在
   index.js 文件中編寫你的程式碼。首先，你需要引入必要的模組，包括
   @line/bot-sdk 和 express：

```
const line = require('@line/bot-sdk');
const express = require('express');
```

5. 設置 LINE Bot 的配置：在編寫 LINE Bot 程式碼之前，你需要設置 LINE
   Bot 的配置。你可以通過以下代碼創建一個 LINE Bot 的配置：

```
const config = {
  channelAccessToken: 'YOUR_CHANNEL_ACCESS_TOKEN',
  channelSecret: 'YOUR_CHANNEL_SECRET',
};
```

注 意， 你 需 要 將 YOUR_CHANNEL_ACCESS_TOKEN 和 YOUR_
CHANNEL_SECRET 替 換 為 你 自 己 的 LINE Bot 的 Channel Access
Token 和 Channel Secret。

6. 創建 Express app 並設置路由：接下來，你需要創建一個 Express
   app，並設置一個路由。你可以通過以下代碼創建一個 Express app：

```
const app = express();
```

然後，你可以通過以下代碼設置一個路由：

```
app.post('/webhook', line.middleware(config), (req, res) => {
  // your code here
});
```

在路由中，你需要使用 line.middleware(config) 函數來創建 LINE Bot 的 middleware，然後在 middleware 中編寫你的 LINE Bot 程式碼。

7. 編寫 LINE Bot 程式碼：在路由中，你可以編寫你的 LINE Bot 程式碼。以下是一個簡單的範例，可以回覆用戶發送的訊息：

```
app.post('/webhook', line.middleware(config), (req, res) => {
  Promise
    .all(req.body.events.map(handleEvent))
    .then((result) => res.json(result))
    .catch((err) => {
      console.error(err);
      res.status(500).end();
    });
});

function handleEvent(event) {
    if (event.type !== 'message' || event.message.type !== 'text') {
        return Promise.resolve(null);
    }

    const replyToken = event.replyToken;
    const messageText = event.message.text;

    const response = {
        type: 'text',
        text: messageText,
    };

    return client.replyMessage(replyToken, response);
}
```

在這個範例中,如果用戶發送的訊息是文字,那麼 LINE Bot 會回覆用戶發送的訊息。你可以在 handleEvent 函數中編寫你的程式碼,實現不同的功能。

8. 上傳程式碼到 GitHub:在你完成程式碼的編寫後,你可以將程式碼上傳到 GitHub,以便後續使用。你可以點擊左側的 GitHub 圖標,然後按照提示完成 GitHub 的設置。

9. 部署 LINE Bot:最後,你需要將你的 LINE Bot 部署到線上服務器。你可以選擇使用 Heroku 或其他類似的服務器來部署你的 LINE Bot。在部署之前,你需要將你的 LINE Bot 的 Channel Access Token 和 Channel Secret 設置為 Heroku 的環境變量。

以上就是使用 CodeSandbox 編寫 LINE Bot 程式碼的基本步驟。當然,具體的編程過程中可能會遇到各種問題,你可以通過查閱相關文檔或請教社區的其他開發者來解決問題。

💡 思維:第 8 點上傳程式碼到 GitHub 需要在註冊 Github 帳號,這邊先跳過。

還有 ChatGPT 引用 express 架設 web 應用程式來作為 LINE Bot 的後端解決方案,卻忘了加上 app.listen(8080) 讓 app 可以被訪問;如果讀者不具有本書『程式學習篇:web 應用程式』的相關知識,而直接複製貼上程式碼的話,可能永遠不會知道錯在哪裡,因為沒有對外 port 並不會影響程式產生錯誤。

另外 codesandbox 本身有一個不能算是 bug 的問題,就是沒有 get / 的回覆,會導致 codesandbox 一直去訪問 / 而無法正常運作。

所以短期內 ChatGPT 還是只能作為一個 pair programing 的工具,但是可以加速程式撰寫的效率。

上面的程式碼是不是少了對外 port,並且幫我加上訪問根目錄的部分。

ChatGPT：

是的，你需要再增加一些程式碼來處理 HTTP 服務器的啟動和監聽，以及處理用戶訪問根目錄的情況。以下是一個簡單的範例：

```javascript
const express = require('express');
const line = require('@line/bot-sdk');

const config = {
  channelAccessToken: process.env.CHANNEL_ACCESS_TOKEN,
  channelSecret: process.env.CHANNEL_SECRET,
};

const client = new line.Client(config);

const app = express();

app.get('/', (req, res) => {
  res.send('Hello World!');
});

app.post('/webhook', line.middleware(config), (req, res) => {
  Promise.all(req.body.events.map(handleEvent))
    .then((result) => res.json(result))
    .catch((err) => console.error(err));
});

function handleEvent(event) {
  if (event.type !== 'message' || event.message.type !== 'text') {
    return Promise.resolve(null);
  }

  const replyToken = event.replyToken;
  const messageText = event.message.text;

  const response = {
    type: 'text',
    text: messageText,
  };
```

```
   return client.replyMessage(replyToken, response);
}

const port = process.env.PORT || 3000;
app.listen(port, () => {
  console.log(`Listening on port ${port}`);
});
```

在這個範例中，我們使用了 Express.js 框架來處理 HTTP 請求和回應，並通過 app.get() 函數處理用戶訪問根目錄的情況。我們還通過 app.post() 函數處理 LINE Bot 的 Webhook 請求，並使用 line.middleware() 函數將 LINE Bot 的設置傳遞給 Express.js 框架。在 handleEvent() 函數中，我們定義了 LINE Bot 的回應方式。最後，我們通過 app.listen() 函數啟動 HTTP 服務器，並監聽指定的端口。

在實際使用中，你還需要對這個範例進行一些修改，以滿足你的具體需求。例如，你可能需要增加其他的 HTTP 路由，或者使用其他的框架來處理 HTTP 請求和回應。

💡 思維：建議可以請 ChatGPT 再加上註解，可以更清楚，記得在 prompt 裡貼上程式碼，ChatGPT 才不會胡亂生成程式碼加上去。

（…程式碼）請幫我在每一行程式前都加上註解說明用途。

ChatGPT：

```
const express = require('express'); // 引入 express 模組
const line = require('@line/bot-sdk'); // 引入 line 模組

// 設置 LINE Bot 的 config，包括 Channel Access Token 和 Channel Secret
const config = {
  channelAccessToken: process.env.CHANNEL_ACCESS_TOKEN,
  channelSecret: process.env.CHANNEL_SECRET,
};

const client = new line.Client(config); // 創建一個新的 Line Client 實例
```

```javascript
const app = express(); // 創建一個新的 express 應用程序

// 設置根路徑的路由，用來測試伺服器是否正常運作
app.get('/', (req, res) => {
  res.send('Hello World!');
});

// 設置 Webhook 的路由，用來處理用戶的訊息
app.post('/webhook', line.middleware(config), (req, res) => {
  Promise
    .all(req.body.events.map(handleEvent)) // 將所有事件都傳遞給 handleEvent 函數進行
處理
    .then((result) => res.json(result)) // 回傳處理結果
    .catch((err) => console.error(err)); // 發生錯誤時輸出錯誤訊息
});

// 定義處理事件的函數 handleEvent
function handleEvent(event) {
  if (event.type !== 'message' || event.message.type !== 'text') {
    return Promise.resolve(null);
  }

  const replyToken = event.replyToken; // 取得回復訊息的 token
  const messageText = event.message.text; // 取得用戶發送的訊息

  // 創建回覆訊息
  const response = {
    type: 'text',
    text: messageText,
  };

  return client.replyMessage(replyToken, response); // 回覆用戶的訊息
}

const port = process.env.PORT || 3000; // 設置監聽的 port
app.listen(port, () => {
  console.log(`Listening on port ${port}`); // 輸出伺服器啟動訊息
});
```

實作

1. 至 codesandbox 開 node http server， 安 裝 完 nodemon 且 改 寫 package.json 裡 的 start 為 nodemon index.js 後， 重 啟 Restart Sandbox。

2. 修改 index.js 為上述程式碼。

3. 安裝 @line/bot-sdk express > npm install @line/bot-sdk express。

4. YOUR_CHANNEL_ACCESS_TOKEN 跟 YOUR_CHANNEL_SECRET 如說明要去 LINE developers channel 找。

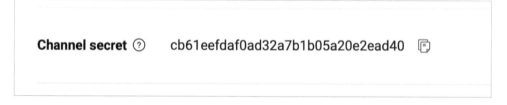

5. 輸入 codesandbox 的 serect key。

6. 好了之後重啟。

7. 將網址含 webhook 貼到 LINE Bot 的 webhook 設定頁。

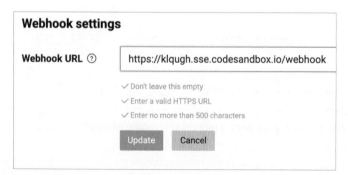

8. 點 Update。

9. use webhook 打開。

10. 試一試。

問 OpenAI API 開發

誰能？

💡 思維：先確認關於 [OpenAI API 開發]，誰可以幫助我，再向他提問。

扮演一位程式專家教我開發 OpenAI API。

ChatGPT：

好的，讓我來教你開發 OpenAI API。

首先，你需要到 OpenAI 的官方網站上註冊一個帳號，以便獲取 API 金鑰。接著，你需要在控制台中建立一個新的應用程式，這樣你才能夠開始使用 OpenAI API。

　　在建立應用程序之後，你需要選擇一個適合你項目的 API 模型。OpenAI API 支持多種不同的模型，包括自然語言處理、計算機視覺和強化學習等。

　　一旦你選擇了一個模型，你需要按照 OpenAI API 的文檔進行配置。這通常包括指定你的 API 金鑰、模型名稱和模型參數等。

　　接下來，你需要寫一個代碼來調用 OpenAI API。這可以使用任何一種編程語言，只要該語言支持 HTTP 請求即可。你需要構造一個 HTTP 請求，並在請求中包含你的 API 金鑰和輸入數據。然後，你需要發送請求到 OpenAI API 的端點，並等待 API 的響應。最後，你需要解析 API 的響應，以獲取你需要的輸出數據。

　　最後，你需要測試你的代碼，以確保它可以正確地調用 OpenAI API。你可以使用一些測試數據來進行測試，這樣可以幫助你確定你的代碼是否正常工作。

　　以上就是開發 OpenAI API 的基本步驟。希望對你有所幫助！

OpenAI API

💡 思維：請 ChatGPT 一步一步教我們。

可以一步一步教我怎麼用 node.js 編寫 ChatGPT 程式碼嗎？

ChatGPT：…

1. 調用 OpenAI API 在你的程式中，你可以通過以下代碼調用 OpenAI API：

```
openai.completions.create({
  engine: 'text-davinci-002',
  prompt: ' 你的對話文本 ',
  maxTokens: 60,
  n: 1,
  stop: '\n',
}).then(completion => {
  console.log(completion.choices[0].text);
```

```
  rl.prompt();
}).catch(err => {
  console.error(err);
  rl.prompt();
});
```

💡 思維：text-davinci-002 已經是舊的 model，現在至少都是用 gpt-3.5-turbo。

你的 model 可以使用 gpt-3.5-turbo 嗎？

ChatGPT：我很抱歉，但我不能使用 gpt-3.5-turbo 模型，因為這是一個不存在的 OpenAI 模型。在我知道的最新 OpenAI 模型中，最大的模型是 GPT-3，它有 1750 億個參數。除了 GPT-3，OpenAI 還有許多其他的自然語言處理模型可供使用。

💡 思維：傻眼～ ChatGPT 本身改版的速度超過 ChatGPT 的資料，所以上述範例 code 是不能用的，這裡只能自己找了。

實作

1. 直接繼續從 LINE Bot 的 SandBox 開始。

2. 安裝 openai > npm install openai。

3. openai 註冊帳號的部分在前面 playground 已經做過了，就不贅述，這裡直接將 openai 的 key 複製過來。

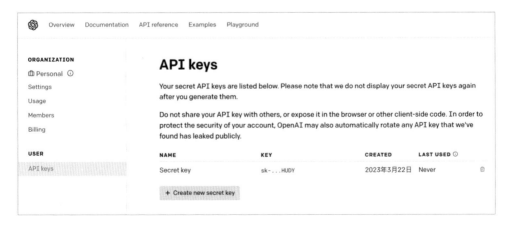

4. 好了之後重啟。

5. 新增 openai.js 檔案。

6. 引用 openai 套件。

```
const { Configuration, OpenAIApi } = require("openai");
```

7. 加上設定檔。

```
const configuration = new Configuration({
  apiKey: process.env.OPENAI_API_KEY, // openai api 的 key
});
```

8. 生成一個 openai 的實體。

```
const openai = new OpenAIApi(configuration);
```

9. 呼叫 openai.createChatCompletion 函式，輸入咒文 prompt，並等待回應。

```
const completion = await openai.createChatCompletion({
  // 使用 gpt-3.5-turbo 這個 model
  model: "gpt-3.5-turbo",
  // 咒文 prompt
  messages: [
    {
      role: "user",
      content: msg,
    },
  ],
});
console.log(JSON.stringify(completion.data));
```

10. 因為 openai.createChatCompletion 是 promise 函式 , 所以再宣告一個 requestResponse 函式在外面。

　　msg 參數，就是前面的 content：msg 所對應的 msg ，這裡可以讓使用者自行輸入，我這裡寫了一個預設值 hello 來防呆。

```
const requestResponse = async (msg = `hello`)
```

11. 呼叫 requestResponse 函式，這裡輸入為「你棒棒」，你也可以自己自訂。

```
(async () => {
  let content = await requestResponse(`你棒棒`);
  console.log(content);
})();
```

　　目前的 openai.js：

```
const { Configuration, OpenAIApi } = require("openai");

const configuration = new Configuration({
  apiKey: process.env.OPENAI_API_KEY,
});

const openai = new OpenAIApi(configuration);
const requestResponse = async (msg = `hello`) => {
  const completion = await openai.createChatCompletion({
    model: "gpt-3.5-turbo",
    messages: [
      {
        role: "user",
        content: msg,
      },
    ],
  });
  console.log(JSON.stringify(completion.data));
  console.log(completion.data);
  return completion.data.choices[0].message.content;
};
```

```
(async () => {
  let content = await requestResponse(` 你棒棒 `);
  console.log(content);
})();

module.exports = requestResponse;
```

12. 開新的 terminal。

13. 呼叫 openai.js > node openai.js。

14. 回應。

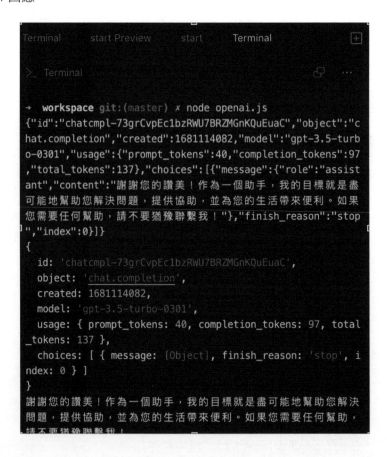

改 prompt 咒文

💡 思維：因為 ChatGPT 預設輸出是簡中，請 ChatGPT 以繁中為主，就得改一下 prompt。

```
messages: [
    {
      role: "system",
      content: ` 扮演一位助手
      使用繁體中文
      `,
    },
    {
      role: "user",
      content: msg,
    },
  ],
```

再試一下。

變繁中了。

串接 OpenAI API 與 LINE Bot

　　1. 將 openai.js 加上 exports 輸出成模組。

```
module.exports = requestResponse;
```

　　2. 槓掉在程式裡測試的部分。

　　目前的 openai.js：

```
const { Configuration, OpenAIApi } = require("openai");

const configuration = new Configuration({
  apiKey: process.env.OPENAI_API_KEY,
});

const openai = new OpenAIApi(configuration);
const requestResponse = async (msg = `hello`) => {
  const completion = await openai.createChatCompletion({
    model: "gpt-3.5-turbo",
    messages: [
      {
        role: "user",
        content: msg,
      },
    ],
  });
  console.log(JSON.stringify(completion.data));
  console.log(completion.data);
  return completion.data.choices[0].message.content;
};

// (async () => {
//   let content = await requestResponse(`你棒棒`);
//   console.log(content);
// })();

module.exports = requestResponse;
```

3. 開啟 index.js，我們要將原本只是將原本使用者所傳來的訊息傳回去換成由 openai 來回覆。

所以 index.js 裡的：

```
const messageText = event.message.text; // 取得用戶發送的訊息

// 創建回覆訊息
const response = {
  type: 'text',
  text: messageText,
};
```

messageText 必須呼叫 openai API 處理過後，得到 openai API 的回覆，再回傳給使用者。

4. 引用 requestResponse。

```
const requestResponse = require(`./openai`);
```

5. 呼叫 requestResponse 因為 requestResponse 是 promise 函式，故 function handleEvent 加上 async。

```
// 定義處理事件的函數 handleEvent
async function handleEvent(event) {...}
加上 呼叫 requestResponse
 let r = await requestResponse(messageText);
  // 創建回覆訊息
  const response = {
    type: "text",
    text: r,
  };
```

6. 試一試。

加上資料庫

補齊 LangChain

　　如前面所發現的，為了讓我們的聊天機器人有接續上對話，所以必須由資料庫來記錄前面輸入的內容。

　　這個章節會演練使用 Google Sheets 來當作我們的資料庫。

讀取與寫入

1. 開啟一個 google sheet 欄位為 role 跟 content。

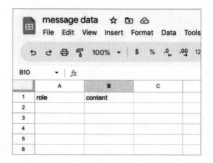

2. sandbox 安裝 google-spreadsheet > npm i google-spreadsheet。

3. 新開 data.js 作為 CRUD 用 data.js。

```javascript
const { GoogleSpreadsheet } = require("google-spreadsheet");

// 初始化 Google 表格 - 文件 ID 是表格網址中的長 ID
const doc = new GoogleSpreadsheet(process.env.sheet_ID);

// 載入 Google 表格
const loadSheet = async () => {
  await doc.useServiceAccountAuth({
    // env 變數的值是由 Google 生成的服務帳戶憑證所產生的
    // 請參閱文件中的 " 身分驗證 " 章節以了解更多詳細資訊
    client_email: process.env.GOOGLE_SERVICE_ACCOUNT_EMAIL,
    private_key: process.env.GOOGLE_PRIVATE_KEY.replace(/\\n/g, "\n"),
  });

  await doc.loadInfo(); // 載入文件屬性和工作表
  console.log(doc.title); // 列印出表格的名稱
  // await doc.updateProperties({ title: "renamed doc1!!" });

  const sheet = doc.sheetsByIndex[0]; // 或使用 doc.sheetsById[id] 或 doc.
sheetsByTitle[title]
  console.log(sheet.title); // 列印出工作表的名稱
  console.log(sheet.rowCount); // 列印出工作表的行數
```

```
    return sheet;
};

// 取得所有留言
const getMessages = async () => {
  try {
    let sheet = await loadSheet();
    // 取得工作表中的所有行
    const rows = await sheet.getRows();

    // 將工作表中的每一行資料映射到物件中
    const columnAValues = rows.map((row) => {
      return {
        role: row.role,
        content: row.content,
      };
    });

    console.log(columnAValues); // 列印出從工作表中取得的留言
    return columnAValues;
  } catch (err) {
    console.error(err);
  }
};

// 儲存留言
const storageMessage = async (user_content, assistant_content) => {
  try {
    let sheet = await loadSheet();
    // 新增兩列資料到工作表中，分別代表使用者和助理的留言
    await sheet.addRows([
      { role: "user", content: user_content },
      { role: "assistant", content: assistant_content },
    ]);
  } catch (err) {
    console.error(err);
  }
};
```

```
module.exports = {
  getMessages,
  storageMessage,
};
```

4. sheet_ID, GOOGLE_SERVICE_ACCOUNT_EMAIL, GOOGLE_PRIVATE_
KEY 等 key 值記得補齊，加到 codesandbox 的 Env Variables。

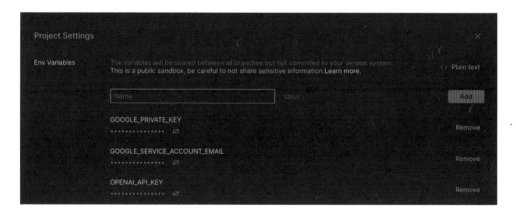

引用

1. openai.js 引用 data.js。

```
const { getMessages, storageMessage } = require("./data");
```

2. 將 openai.js 裡的 messages 宣告成一個變數。

```
let messages = [
  {
    role: "user",
    content: msg,
  },
];
```

3. 呼叫 getMessages 獲得之前的對話紀錄。

```
let langChain = await getMessages();
console.log(langChain);
```

4. 跟 messages 合在一起。

```
messages = langChain.concat(messages);
  console.log(messages);
```

5. 再將 messages 引用進來。

```
  const completion = await openai.createChatCompletion({
    model: "gpt-3.5-turbo",
    messages: messages,
  });
```

6. 獲得回傳後,再將訊息存回去。

```
  let assistant_content = completion.data.choices[0].message.content;
  storageMessage(msg, assistant_content);
```
openai.js :
```
// 引入 openai 模組的 Configuration 和 OpenAIApi 類別
const { Configuration, OpenAIApi } = require("openai");
const { getMessages, storageMessage } = require("./data");

// 創建 Configuration 實例,用於儲存 API 金鑰
const configuration = new Configuration({
  apiKey: process.env.OPENAI_API_KEY,
});

// 創建 OpenAIApi 實例,用於訪問 OpenAI API
const openai = new OpenAIApi(configuration);

// 創建 requestResponse 函數,用於處理用戶的輸入並返回 OpenAI API 的回應
const requestResponse = async (msg = `hello`) => {
  // 創建一個 messages 陣列,存儲用戶的輸入
  let messages = [
    {
      role: "user",
      content: msg,
    },
  ];

  // 從本地數據庫中獲取對話歷史 messages
```

```javascript
let langChain = await getMessages();
console.log(langChain);

// 將 messages 和 langChain 連接起來
messages = langChain.concat(messages);
console.log(messages);

// 調用 OpenAI API 的 createChatCompletion 方法，生成 AI 回應
const completion = await openai.createChatCompletion({
  model: "gpt-3.5-turbo", // 選擇使用的 AI 模型
  messages: messages, // 將 messages 作為參數傳遞給 API
});
console.log(JSON.stringify(completion.data));
console.log(completion.data);

// 從 AI 回應中獲取助手的回答內容
let assistant_content = completion.data.choices[0].message.content;

// 將用戶的輸入和助手的回答儲存到本地數據庫
storageMessage(msg, assistant_content);

// 返回助手的回答內容
return completion.data.choices[0].message.content;
};

// 將 requestResponse 函數導出為模組
module.exports = requestResponse;
```

7. 試一試。

playground 調整輸出

Open API 回傳過來的內容，預設通常是純文字的回覆內容，我們希望當 OpenAI 發現使用者想要查詢天氣的時候，回傳不同的內容給我們，我們可以去查訊天氣，可以透過 playground 先做這一塊的訓練。

💡 思維：關於 output 是可以相當靈活的，當使用者想要查詢天氣時，就吐給我 json，不是的話就直接用預設的回覆就可以了。

system

告訴 ChatGPT 他的角色（對不起讀者們，筆者這裡寫英文了，要 chatGTP 正確理解，英文還是比中文好用）。

if you detect user want to query weather just response json format include city data like { "city": " 台北市 ", } if user do not tell you the city name, ask user.

content

演示一些回應的範例 USER: 我要查台北的天氣 ASSISTANT:

```
{
  "city": " 台北市 "
}
```

USER：我要查天氣 ASSISTANT：請問您要查詢哪個城市的天氣呢？請告訴我城市名稱。USER：高雄 ASSISTANT：

```
{
  "city": " 高雄市 "
}
```

試一試

USER	我要查天氣
ASSISTANT	請問您要查詢哪個城市的天氣呢？請告訴我城市名稱。
USER	桃園

ASSISTANT	{
	  "city": "桃園市"
	}

⊕ **Add message**

引用天氣 API

1. 和一個新檔案 weather.js。

2. 引入 node-fetch 模組，用於發送 http 請求。

```
const fetch = require(`node-fetch`);
```

3. 組成查詢天氣資料的 API 網址，其中 process.env.weather_key 是環境
   變數中的授權碼，locationName 為參數值。

```
let url = `https://opendata.cwb.gov.tw/api/v1/rest/datastore/F-C0032-
001?Authorization=${process.env.weather_key}&locationName=${locationName}`;
```

4. 使用 fetch 發送 http 請求，並等待請求回應。

```
let response = await fetch(url);
```

5. 將回應的資料轉換成 json 格式，並等待轉換完成。

```
let data = await response.json();
```

6. 從資料中取出 "weatherElement" 屬性值，此值為一個陣列。

```
let { weatherElement } = data.records.location[0];
```

7. 使用解構賦值的方式將陣列中的值依序賦予 Wx, PoP, MinT, CI, MaxT
這五個變數，map 函式是用來將時間參數中的 "parameterName" 屬性
值取出。

```
let [Wx, PoP, MinT, CI, MaxT] = weatherElement.map((i) => {
    return i.time[0].parameter.parameterName;
});
```

8. 回傳包含五個屬性的物件。

```
return { Wx, PoP, MinT, CI, MaxT };
```

9. 將 getWeather 函式導出為一個模組，以供其他模組使用。

```
module.exports = {
    getWeather,
};
```

目前 weather.js：

```
// 引入 node-fetch 模組，用於發送 http 請求
const fetch = require(`node-fetch`);

// 定義一個 async 函式 getWeather，接受一個預設值為 "台北市" 的地點參數
const getWeather = async (locationName = "台北市") => {

    // 組成查詢天氣資料的 API 網址，其中 process.env.weather_key 是環境變數中的授權碼，
locationName 為參數值
    let url = `https://opendata.cwb.gov.tw/api/v1/rest/datastore/F-C0032-
001?Authorization=${process.env.weather_key}&locationName=${locationName}`;

    // 使用 fetch 發送 http 請求，並等待請求回應
    let response = await fetch(url);

    // 將回應的資料轉換成 json 格式，並等待轉換完成
```

```
let data = await response.json();

// 從資料中取出 "weatherElement" 屬性值，此值為一個陣列
let { weatherElement } = data.records.location[0];

// 使用解構賦值的方式將陣列中的值依序賦予 Wx, PoP, MinT, CI, MaxT 這五個變數，map 函式是
用來將時間參數中的 "parameterName" 屬性值取出
let [Wx, PoP, MinT, CI, MaxT] = weatherElement.map((i) => {
  return i.time[0].parameter.parameterName;
});

// 將取得的五個變數印出來
console.log(Wx, PoP, MinT, CI, MaxT);

// 回傳包含五個屬性的物件
return { Wx, PoP, MinT, CI, MaxT };
};

// 將 getWeather 函式導出為一個模組，以供其他模組使用
module.exports = {
  getWeather,
};
```

整合進程式

1. 剛剛用 playground 做出來的結果，取代進去 messages。

```
const messages = [
    {
      role: "system",
      content: `if you detect user want to query weather  just response json format
include city data
like
{
  "city": " 臺北市 "
}
```

```
if user do not tell you the city name, ask user
          `,
    },
    {
      role: "user",
      content: `我要查台北的天氣`,
    },
    {
      role: "assistant",
      content: `{
  "city": "臺北市"
}`,
    },
    {
      role: "user",
      content: `我要查天氣`,
    },
    {
      role: "assistant",
      content: `請問您要查詢哪個城市的天氣呢？請告訴我城市名稱。`,
    },
    {
      role: "user",
      content: `高雄`,
    },
    {
      role: "assistant",
      content: `{
  "city": "高雄市"
}`,
    },
    {
      role: "user",
      content: msg,
    },
  ];
```

2. 如果 assistant_content 回傳回來是 JSON 格式，就去 call weather api，反之就直接回傳回去。

```javascript
let assistant_content = completion.data.choices[0].message.content;
  try {
    JSON.parse(assistant_content);
  } catch (e) {
    // 解析錯誤，應是字串無誤
    console.log(e);
    storageMessage(msg, assistant_content);
    return completion.data.choices[0].
  }
  // call weather api ...
  // 取出用戶所請求的城市，並調用天氣 API 獲取天氣資訊
  let { city } = JSON.parse(assistant_content);
  let { Wx, PoP, MinT, CI, MaxT } = await getWeather(city);
```

目前 openai.js:

```javascript
// 引入 openai 套件中的 Configuration 和 OpenAIApi
const { Configuration, OpenAIApi } = require("openai");

// 引入自訂的 data 和 weather 模組
const { getMessages, storageMessage } = require("./data");
const { getWeather } = require("./weather");

// 建立 openai 的 Configuration
const configuration = new Configuration({
  apiKey: process.env.OPENAI_API_KEY, // 使用者的 openai API key
});

// 建立 openai 的 API 物件
const openai = new OpenAIApi(configuration);

// 定義一個 async 函式 requestResponse，用於處理用戶的請求
const requestResponse = async (msg = `hello`) => {

  // 建立對話訊息陣列
let messages = [
    {
      role: "system",
```

```
        content: `if you detect user want to query weather  just response json format
include city data
like
{
  "city": " 臺北市 "
}
if user do not tell you the city name, ask user
          `,
    },
    {
      role: "user",
      content: ` 我要查台北的天氣 `,
    },
    {
      role: "assistant",
      content: `{
  "city": " 臺北市 "
}`,
    },
    {
      role: "user",
      content: ` 我要查天氣 `,
    },
    {
      role: "assistant",
      content: ` 請問您要查詢哪個城市的天氣呢？請告訴我城市名稱。`,
    },
    {
      role: "user",
      content: ` 高雄 `,
    },
    {
      role: "assistant",
      content: `{
  "city": " 高雄市 "
}`,
    },
  ];
```

```javascript
// 獲取之前的對話訊息
let langChain = await getMessages();
messages = messages.concat(langChain);

// 加入用戶的最新對話訊息
messages = messages.concat([
  {
    role: "user",
    content: msg,
  },
]);

// 調用 openai 的 API，進行自動回覆
const completion = await openai.createChatCompletion({
  model: "gpt-3.5-turbo", // 使用的 AI 模型
  messages: messages, // 對話訊息陣列
});

// 從 openai API 回傳的資料中取出助理的回覆
let assistant_content = completion.data.choices[0].message.content;

// 將用戶的請求和助理的回覆存儲到資料庫中
storageMessage(msg, assistant_content);

// 檢查助理的回覆是否是合法的 json 格式
try {
  JSON.parse(assistant_content);
} catch (e) {
  console.log(e);
  return completion.data.choices[0].message.content;
}

// 取出用戶所請求的城市，並調用天氣 API 獲取天氣資訊
let { city } = JSON.parse(assistant_content);
let { Wx, PoP, MinT, CI, MaxT } = await getWeather(city);

// 格式化天氣資訊，準備回傳給用戶
let r = `${city} 今日 ${Wx}，最低氣溫 ${MinT}° C，最高氣溫 ${MaxT}° C，${CI}，降雨機率 ${PoP}%`;
```

```
    return r;
};

module.exports = requestResponse;
```

16.2.3 部署和維護

再來我們將會應用前面學到的後端解決方案 來上架我們的這個聊天機器人的服務。

通常這種雲端設備商的介面很常改動，就不適合去問 ChatGPT 了，因為問到的也可能是舊的資訊，ChatGPT 的強項是程式，建議直接找雲端設備商的文件。

GCP Function

建立函式

1. 前往：CLOUD FUNCTIONS。

   https://cloud.google.com/functions/?hl=zh-tw

2. 前往控制台。

3. 點建立函式。

4. 點執行階段建構作業連線和安全性設定。

5. 點新增變數將開發階段所有的 serect key
全部加上。

6. 輸入完成 key 後點下一步。

7. 打開 package.json。

```
{
  "dependencies": {
    "@google-cloud/functions-framework": "^3.0.0"
  }
}
```

8. 打開 codesandbox 上的 package.json。

```
"dependencies": {
  "@line/bot-sdk": "^7.5.2",
  "express": "^4.18.2",
  "google-spreadsheet": "^3.3.0",
  "node-fetch": "^2.6.7",
  "nodemon": "^2.0.20",
  "openai": "^3.2.1"
},
```

9. 將 codesandbox 上的 package.json 的套件，貼到 gcp function 上的 package.json。

10. 新增檔案 將程式碼 通通貼上去。

data.js：

```
const { GoogleSpreadsheet } = require("google-spreadsheet");

// Initialize the sheet - doc ID is the long id in the sheets URL
const doc = new GoogleSpreadsheet(process.env.sheet_ID);

const loadSheet = async () => {
  await doc.useServiceAccountAuth({
    // env var values are copied from service account credentials generated by google
    // see "Authentication" section in docs for more info
    client_email: process.env.GOOGLE_SERVICE_ACCOUNT_EMAIL,
    private_key: process.env.GOOGLE_PRIVATE_KEY.replace(/\\n/g, "\n"),
  });

  await doc.loadInfo(); // loads document properties and worksheets
```

```
  console.log(doc.title);
  // await doc.updateProperties({ title: "renamed doc1!!" });

  const sheet = doc.sheetsByIndex[0]; // or use doc.sheetsById[id] or doc.
sheetsByTitle[title]
  console.log(sheet.title);
  console.log(sheet.rowCount);
  return sheet;
};

const someAsyncFunction = async () => {
  let sheet = await loadSheet();
  // adding / removing sheets
  // const newSheet = await doc.addSheet({ title: "hot new sheet!" });
  // await newSheet.delete();
};
const getMessages = async () => {
  try {
    let sheet = await loadSheet();
    // Get all rows in the sheet
    const rows = await sheet.getRows();
    // console.log(rows);
    //   {
    //     role: "user",
    //     content: message,
    //   }
    const columnAValues = rows.map((row) => {
      return {
        role: row.role,
        content: row.content,
      };
    });
    // Map over the rows to extract the values in column A
    // const columnAValues = rows.map((row) => row.A);
    console.log(columnAValues);
    return columnAValues;
  } catch (err) {
    console.error(err);
  }
```

```javascript
};

const storageMessage = async (user_content, assistant_content) => {
  try {
    let sheet = await loadSheet();
    await sheet.addRows([
      { role: "user", content: user_content },
      { role: "assistant", content: assistant_content },
    ]);
  } catch (err) {
    console.error(err);
  }
};

(async function () {
  await someAsyncFunction();
  // console.log(await getMessages());
})();

module.exports = {
  // someAsyncFunction,
  getMessages,
  storageMessage,
};
openai.js:
const { Configuration, OpenAIApi } = require("openai");
const { getMessages, storageMessage } = require("./data");
const { getWeather } = require("./weather");
const configuration = new Configuration({
  apiKey: process.env.OPENAI_API_KEY,
});

const openai = new OpenAIApi(configuration);

const requestResponse = async (msg = `hello`) => {
  let messages = [
    {
      role: "system",
      content: `if you detect user want to query weather  just response json format
include city data
```

```
like
{
  "city": " 臺北市 "
}
if user do not tell you the city name, ask user
            `,
      },
      {
        role: "user",
        content: ` 我要查台北的天氣 `,
      },
      {
        role: "assistant",
        content: `{
  "city": " 臺北市 "
}`,
      },
      {
        role: "user",
        content: ` 我要查天氣 `,
      },
      {
        role: "assistant",
        content: ` 請問您要查詢哪個城市的天氣呢？請告訴我城市名稱。`,
      },
      {
        role: "user",
        content: ` 高雄 `,
      },
      {
        role: "assistant",
        content: `{
  "city": " 高雄市 "
}`,
      },
    ];
  let langChain = await getMessages();
  messages = messages.concat(langChain);
  messages = messages.concat([
```

```
    {
      role: "user",
      content: msg,
    },
  ]);
  console.log(messages);
  const completion = await openai.createChatCompletion({
    model: "gpt-3.5-turbo",
    messages: messages,
  });
  console.log(JSON.stringify(completion.data));
  console.log(completion.data);
  let assistant_content = completion.data.choices[0].message.content;
  console.log(assistant_content);
  storageMessage(msg, assistant_content);

  try {
    JSON.parse(assistant_content);
  } catch (e) {
    console.log(e);
    return completion.data.choices[0].message.content;
  }
  // call weather api
  let { city } = JSON.parse(assistant_content);
  let { Wx, PoP, MinT, CI, MaxT } = await getWeather(city);

  let r = `${city} 今日 ${Wx}，最低氣溫 ${MinT}°C，最高氣溫 ${MaxT}°C，${CI}，降雨機率
${PoP}%`;
  // storageMessage(msg, r);

  return r;
};

(async () => {
  // let content = await requestResponse(`你棒棒`);
  // console.log(content);
})();

module.exports = requestResponse;
```

```
weather:
const fetch = require(`node-fetch`);
const getWeather = async (locationName = "臺北市") => {
  let url = `https://opendata.cwb.gov.tw/api/v1/rest/datastore/F-C0032-
001?Authorization=${process.env.weather_key}&locationName=${locationName}`;
  let response = await fetch(url);
  let data = await response.json(); // response 的資料還需轉譯成 json 格式
  // console.log(data); //印出資料
  let { weatherElement } = data.records.location[0];
  let [Wx, PoP, MinT, CI, MaxT] = weatherElement.map((i) => {
    return i.time[0].parameter.parameterName;
  });
  console.log(locationName, Wx, PoP, MinT, CI, MaxT);
  return { Wx, PoP, MinT, CI, MaxT };
};
module.exports = {
  getWeather,
};

// (async () => {
//   getWeather();
// })();
index.js:
const line = require("@line/bot-sdk");
const requestResponse = require(`./openai`);

const config = {
 channelAccessToken: process.env.token,
 channelSecret: process.env.secret
};
const client = new line.Client(config);

exports.webhook = async (req, res) => { //export webhook 出去為 進入點
 let messageText  = req.body.events[0].message.text;
 let text = await requestResponse(messageText);
 let msg = {
   type: "text",
   text
 };
```

```
let r = await client.replyMessage(req.body.events[0].replyToken, msg);
res.json(r);
};
```

11. 進入點改 webhook。

12. 點部署。

13. 好了後選觸發網址 Developer 上的 channel 的 webhook。

14. 將 觸發網址的網址貼回 LINE。

16.2.4 結論

　　在與 ChatGPT 互動的實作過程中，我們發現有時候 ChatGPT 會漏掉一些細節。如果您本身缺乏相關知識，可能需要花費更多時間尋找錯誤所在。

　　然而，ChatGPT 優秀的程式碼生成功能卻能夠極大地提高我們的程式開發效率。

　　未來，在 pair-programming 的過程中，ChatGPT 將成為一個不可或缺的好幫手。

　　本章的練習，可能讓讀者產生一點痛苦，那一點痛苦並不是程式語法的問題，本章實作的內容還都沒有用到程式工程以外知識。

　　那一點痛苦是，如果具備不夠的程式相關專業知識的話，可能無法判斷出當下生成內容的哪裡有問題，然後永遠找不到問題；另外就是，想要的知識過新的話，可能還是得借助 Google 才能找到想要的知識。

　　目前來説：ChatGPT 的程式碼生成真的很快，但是整個程式的架構，還是得由足夠具備程式相關專業的使用者，藉由正確的詠唱策略來導引 ChatGPT 才能走向你想要的方向。

　　另外本章裡，所遇到的問題，ChatGPT 訓練的資料文本較舊，導致無法正確的去寫出引用 GPT 3.5 的程式碼，搞不好，在本書複印的當下，可能已經被 ChatGPT 外掛給解決掉了，但這並不影響本書所提的精神，使用運算思維去拆分工作，再由工作的實作中去解決問題。

　　最後達成目標。

17 總結

17.1 關於詠唱

關於 prompt 的中文翻譯，目前還是處於混沌的狀態。個人覺得，目前主流的 prompt 中文翻譯有：

- 提示：聽起來像是綜藝節目的梗，耳邊響起了，乃哥要不到提示，氣 pupu 的臉。

- 提問：而提問呢，真的不見得每一次 prompt 都是問句啊，有可能是肯定句，也可能悲劇了。

- 詠唱：聽來聽去，還是覺得詠唱翻得最好聽，也最文雅。

雖然最後，不知道 prompt 的中文訂名會是什麼？

但在那之前，本書還是先將 prompt 訂名為詠唱。

17.2 人人都會用程式的時代來臨

低階軟體開發工作消失

在 ChatGPT 之前，軟體工程師被認為是必須具備高邏輯性及抗壓性才能做的工作。

因為程式撰寫的進入障礙較一般工作高，而且程式工程的變化已經不是日新月異可以形容，說是秒新時異也不誇張，因此造就了軟體工程師一直是社會上較為高薪的工作。

但在 ChatGPT 問世之後，人人都可以藉由和 ChatGPT 互動去開發撰寫程式，不再像以前那麼困難。

這代表著低階軟體工程師的需求可能消失。取而代之的是，每個工作職位，只要有需要都可以藉由和 ChatGPT 互動做低階的軟體開發工作。

舉一個目前正在發生的例子，會計事務所的記帳士，雖然很會操作使用 excel，但因為 excel 公式，會用上函式及條件判斷式等軟體開發的思維，一直會是記帳士們工作上的罩門，遇到公式上的問題，都必須去請教軟體工程師，但現在只要問 ChatGPT 就好了。甚至可以藉由和 ChatGPT 互動中去撰寫 python 從 execl 資料表中做更複雜的資料分析。

這在之前都是必須經過多人協做，才能完成的事情。

超高階軟體工程師誕生

雖然低階軟體工作會消失，但這世上，就會開始增加超高級軟體工程師。超高級軟體工程師就是以前只有唐鳳、保哥這種能自由切換各種程式語言的軟體工程師。

還記得 node.js 當年問世之後，很多人因為能用 js 寫前後端了，所以就有了全端工程師的名詞誕生。

但 ChatGPT 以後，如果以後還想寫程式為業的話，可能就只有全包工程師了：各種程式語言，所有程式架構，一個人全包。

17.3 運算思維及詠唱工程互為表裏

Happy Prompt~

Wolke 流 Prompt，其實也是經過多次的實作詠唱 prompt，並從中觀察學習實作並調整出的心法。

在 ChatGPT 還無法去完全自動化，並分辨成果好壞，還有要完成這個成果所要花費的成本，符不符合客群所願意提供的價錢，理解何謂 CP 值之前呢。

　　ChatGPT 還是需要人類在旁協助才能做出完善的成果。但不是完美，因為完美通常最貴。

　　人機協作，還是有其必要性。

　　而程式的學習開發，只是個開端，會從程式開始的原因，也僅是因為被預順練的資料較多且嚴謹，因為 github 是 MS 的，但這只是開端，相信我，以後還會有用詠唱學煮菜開餐廳、用詠唱學開車考駕照之類的。

　　我們一起期待這樣的未來吧。

MEMO

MEMO

MEMO

MEMO

MEMO

MEMO

MEMO

MEMO

MEMO

Deepen Your Mind

Deepen Your Mind